建筑结构合理化设计要点及案例分析

霍文营　张　路　著

中国建筑工业出版社

图书在版编目（CIP）数据

建筑结构合理化设计要点及案例分析 / 霍文营，张
路著. —北京：中国建筑工业出版社，2023.7
ISBN 978-7-112-28617-1

Ⅰ.①建… Ⅱ.①霍…②张… Ⅲ.①建筑结构—结
构设计—研究 Ⅳ.①TU318

中国国家版本馆 CIP 数据核字（2023）第 063123 号

本书是由中国建筑设计研究院有限公司技术质量中心主任、院结构总工程师霍文营，中国
建筑设计研究院工程院副总工程师、结构三所所长张路，共同编著完成。

两位作者在近十年的时间，对建筑结构合理化设计进行深入的研究，将自己的研究成果总
结、提炼，形成了本书。本书的观点新颖、独到，技术适用性强，为广大的建筑结构设计人员
提供了新的设计思路，启发读者从另外的角度思考如何更"合适"地设计建筑结构，适合广大
建筑结构人员阅读、使用。

责任编辑：曹丹丹　张伯熙
责任校对：芦欣甜
校对整理：张惠雯

建筑结构合理化设计要点及案例分析

霍文营　张　路　著

＊

中国建筑工业出版社出版、发行（北京海淀三里河路9号）
各地新华书店、建筑书店经销
北京科地亚盟排版公司制版
北京圣夫亚美印刷有限公司印刷

＊

开本：787 毫米×1092 毫米　1/16　印张：10¼　字数：249 千字
2023 年 10 月第一版　2023 年 10 月第一次印刷
定价：**40.00** 元
ISBN 978-7-112-28617-1
（41102）

前　言

与建筑结构经济合理化设计技术方法的迫切应用需求形成鲜明对比的是，现有建筑结构设计方法存在缺乏系统性、缺乏全方位技术框架指导，存在无法兼顾概念设计与结构计算，存在对方案比选方法应用不足、对定量分析方法应用不足、对项目前期结构方案设计重视程度不足等缺陷。针对缺陷与不足，作者提出结构经济合理化设计框架技术方法，满足业主单位的基本要求，展示设计能力，巩固合作关系；形成设计习惯，适应市场环境变化；可以有效地应对市场同行的技术竞争；提升结构专业方案配合能力，做好项目前期投标服务工作。

本书在总结中国建筑设计研究院有限公司近十年的相关科研成果和工程实践经验的基础上编写而成。

本书的主要内容包括：第一，依据设计阶段纵向展开，提出方案投标阶段、方案深化阶段、初步设计阶段、初步设计审查（超限审查）阶段和施工图设计阶段中结构专业经济合理化设计框架技术方法；第二，根据设计内容横向展开，提出结构设计依据、结构主要设计参数识别、结构荷载、地基基础方案、地下室方案、楼盖体系、抗侧力体系（剪力墙部分）、抗侧力体系（框架部分）、抗震措施和特殊建筑结构方案中结构专业经济合理化设计框架技术方法；第三，建立技术层面结构专业经济合理化设计方法的框架技术体系，并提供典型算例、相关结果分析及应用建议，作为框架技术体系的实际工程应用支撑。

本书的创新之处在于：第一，加强项目各个设计阶段，尤其是前期方案阶段结构专业的介入深度，将结构专业经济合理化设计方法从项目设计的源头展开，并在设计全过程中跟踪执行，指导项目设计全周期的造价控制；第二，依据工程设计阶段的纵向轴和设计内容的横向轴，对结构经济合理化设计方法进行纵向展开和横向展开，构筑双维度经济合理化设计框架；第三，结合作者团队既往丰富的工程经验，将结构概念设计的定性方法和计算软件材料用量指标统计的定量方法相结合，基于方案比选设计方法，提出概念与计算并重为原则、实际工程算例落地为支撑的框架技术方法。

本书涉及的关键技术包括：第一，以方案设计阶段为出发点，在充分实现项目建筑效果的前提下，依托建筑方案的合理控制，为结构专业经济合理化设计原则提供良好的控制起点；第二，以结构概念设计为基本技术要求，以结构计算软件材料用量统计为主要手段，在满足结构安全性的基本前提下，通过构筑合理的结构方案满足经济性控制需求；第三，以结构方案比选作为重要设计方法，通过对比选择最优结构方案作为设计工作的开展依据；第四，以 PKPM、YJK 等结构计算软件的钢筋和混凝土用量统计功能作为主要判别手段，建立评价单个结构方案经济性指标的基本准则。

由于时间和作者水平有限，对于书中的疏漏和不妥之处，敬请读者批评指正。

目　　录

第1章 概　　述

1.1　技术开发背景

随着我国市场经济体制趋于成熟，投资多元化的格局逐步形成，用有限的资金投入取得最佳的社会及经济效益，是政府、企业或业主的共同期望。但目前，在工程项目的投资管理中，概算超估算、预算超概算、决算超预算的"三超"现象时有发生。造成投资失控的原因是多方面的，有政策性变化的原因，有建设单位的原因，有设计单位的原因，也有施工单位的原因。其中，很重要的一个原因是设计单位未能严格、有效地贯彻执行经济合理化设计原则。根据国际上普遍分析认为，工程建设项目的设计投资虽然只占工程总投资的极小比例，但对工程造价的影响程度却占整个工程造价的75%以上。这说明，设计阶段是控制工程造价的关键。因此，设计单位实施经济合理化设计原则，搞好经济合理化设计管理，是合理利用建设资金、控制建设投资规模的有力措施。

对于工程项目而言，设计阶段的重要意义毋庸置疑，该阶段的工作成果通常对于项目全过程的投资总额具有控制性意义。但是，由于常规工程项目对于设计阶段的结构成本控制方法和标准并未给予明确说明，该阶段的结构成本控制工作在既往工程实践中往往容易被忽视，引发的结果就是未经成本分析和优化的结构专业设计成果直接进入下一项目流程，影响项目全过程结构成本控制效果。近年来，国内一些主要的大型房地产开发商已经注意到上述问题，并开始逐步建立类似"成本控制中心"的专属部门，从方案阶段开始，以初步设计阶段作为重点，对项目设计全流程的结构相关经济性指标进行分阶段控制，实现项目效益的最大化。伴随国内外建筑行业市场的形势变化，设计单位将结构专业经济合理化设计方法作为基本设计方法之一，在满足建设项目外观、功能、安全等基本要求的前提下，逐步适应将设计合理化、成本最优化作为基本准则融入整个设计流程当中。采用主动应对的方式适应市场行情变化，积极为业主单位提供优质、高效、经济的结构专业设计成果。一方面可以有效应对业主单位对于结构成本控制的各种要求，另一方面也展示了设计单位自身全面的结构设计能力和服务为本的设计理念，为巩固合作关系，创造新的合作机会提供良好的契机。

与建筑结构经济合理化设计技术方法的迫切应用需求形成鲜明对比，现有建筑结构设计方法存在以下显著缺陷：

1）常规结构设计方法缺乏对设计全过程的合理化引导，未能有效地实现以设计流程为基本顺序，沿时间轴纵向展开的整体设计周期合理化设计引导与合理化设计控制，缺乏结构经济合理化设计纵向技术框架。

2）常规结构设计方法缺乏对设计全方向的合理化覆盖，未能有效地实现以设计内容为基本范畴，沿空间轴横向展开的覆盖主要设计内容方向的合理化设计引导与合理化设计控制，缺乏结构经济合理化设计横向技术框架。

3）在常规结构设计方法中，合理化设计方法的应用或者偏向概念设计方式，或者偏向工程经验方式，或者纯粹地偏向结构计算层面，极少能做到兼顾考虑各个层面的综合需求。

4）在常规结构设计方法中，人们对于结构方案比选方法的应用重视程度不足。限于方案比选方法工作量消耗较大、方案比选方法操作难度相对较高等客观原因，即便偶尔采用，也未能作为主要研究方法推广到结构设计流程的各个阶段和结构设计内容的各个领域。

5）在常规结构设计方法中，对于现有成熟结构计算软件的结构材料用量统计功能应用不足，未能充分利用软件的施工图生成功能及对应的钢筋、混凝土等结构材料用量统计成果，作为结构经济合理化设计、结构最优方案决策的有效判别依据。

6）在常规结构设计方法中，对于项目设计前期阶段，尤其是方案阶段的重视程度不足，导致结构设计方案在设计开始时未能在结构体系比选、地基基础形式比选、结构方案可行性判别、结构方案经济性识别等方面进行有效控制。最终，变为未经充分合理性判别和经济性识别的结构方案进入下一个设计流程，造成全局性结构经济合理化实际水平降低。

将上述现有结构设计技术方法的缺陷与不足，按照逻辑关系梳理，得到框架图如图 1-1 所示。

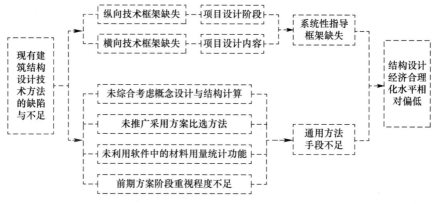

图 1-1　现有结构设计技术方法的缺陷与不足框架图

1.2　合理化技术更新

依据设计阶段纵向展开，提出方案投标阶段、方案深化阶段、初步设计阶段、初步设计（超限）审查阶段和施工图设计阶段中结构专业经济合理化设计框架技术方法。依据设计内容横向展开，提出结构设计依据、结构主要设计参数优化、结构荷载、地基基础方案、地下室方案、楼盖体系、抗侧力体系（剪力墙部分）、抗侧力体系（框架部分）、抗震措施和特殊建筑方案中结构专业经济合理化设计框架技术方法。建立技术层面结构专业经济合理化设计方法的框架技术体系，提供一定基数的典型算例、相关结果分析及应用建议，作为框架技术体系的实际工程应用支撑。

本书提出的结构经济合理化设计方法加强了项目各个设计阶段，尤其是前期方案阶段结构专业的介入深度，对项目设计全周期的造价控制起指导性意义。依据工程设计阶段的纵向轴和设计内容的横向轴，对结构经济合理化设计方法进行纵向展开和横向展开，构筑双维度经济合理化设计框架。结合作者团队既往丰富的工程经验，将结构概念设计的定性方法和计算软件材料用量指标统计的定量方法相结合，基于方案比选设计方法，提出概念与计算并重的原则，通过实际工程算例的结果指导技术方法应用。

本书主要采用的技术手段如下：以方案设计阶段为出发点，在充分实现项目建筑效果的前提下，依托建筑方案的合理控制，为项目结构专业经济合理化设计原则提供良好的控制起点。以结构概念设计为基本技术要求，以结构计算软件材料用量统计为主要手段，在满足结构安全性的基本前提下，通过构筑合理的结构方案实现经济性控制需求。以结构方案比选作为重要设计方法，通过对比选择最优结构方案作为设计工作的开展依据。以PKPM、YJK等结构计算软件的钢筋和混凝土用量统计功能作为主要判别手段，建立评价单个结构方案经济性指标的基本准则。

1.3 本书的主要内容

1）对结构经济合理化技术方法进行纵向展开，按照方案投标阶段、方案深化阶段、初步设计阶段、初步设计审查（超限审查）阶段、施工图设计阶段，构筑纵向技术框架。

2）对结构经济合理化技术方法进行横向展开，按照结构设计依据、结构主要设计参数识别、结构荷载、地基基础方案、地下室方案、楼盖体系、抗侧力体系（剪力墙部分）、抗侧力体系（框架部分）、抗震措施、特殊建筑结构方案，构筑横向技术框架。

3）依托设计工程案例的算例分析，研究规范、地勘报告、风洞试验报告等设计依据，以及周期折减系数、连梁刚度折减系数、结构安全等级（包含结构重要性系数）等设计参数的影响效果，提出结构经济合理化设计建议。

4）依托设计工程案例的算例分析，研究隔墙材质、建筑面层厚度、绿化种植土材质、设备荷载及活荷载敏感性分析等结构荷载相关内容的影响效果，提出结构经济合理化设计建议。

5）依托设计工程案例的算例分析，研究桩基础、筏形基础、墩基础、抗浮方案、地基处理、沉降控制等结构地基基础相关方案的影响效果，提出结构经济合理化设计建议。

6）依托设计工程案例的算例分析，研究楼盖体系次梁布置方式、地下室顶板、人防顶板等楼盖体系相关内容的影响效果，提出结构经济合理化设计建议。

7）依托设计工程案例的算例分析，研究剪力墙平面和竖向布置方案、墙肢设计方案、开洞原则、连梁设置等剪力墙方案相关内容的影响效果，提出结构经济合理化设计建议。

8）依托设计工程案例的算例分析，研究混合结构与混凝土结构比选、框架与框架—剪力墙结构比选、混凝土框架与钢结构比选、框架柱轴压比控制等框架方案相关内容的影响效果，提出结构经济合理化设计建议。

9）依托设计工程案例的算例分析，研究抗震等级、性能化设计等结构抗震措施相关内容的影响效果，并提出结构经济合理化设计建议。

10）依托设计工程案例的算例分析，研究大板结构，强化框架、宽扁梁等特殊结构方案的影响效果，提出结构经济合理化设计建议。

1.4 框架技术纵向展开

结构经济合理化设计框架技术的纵向展开是指依据项目设计阶段确定对应阶段的经济合理化设计措施，本节将对纵向展开的技术框架予以说明。

1. 总体框架

1) 在方案投标阶段（重点控制阶段），侧重于结构体系判别层面。

2) 在方案深化阶段（重点控制阶段），侧重于结构体系判别层面。

3) 在初步设计（简称初设）阶段，侧重于结构方案比选层面。

4) 在初设（超限）审查阶段（核心控制阶段），侧重于结构方案比选层面。

5) 在施工图设计阶段（落地阶段），侧重于结构构件设计层面。

建筑结构经济合理化设计框架技术方法的纵向框架展开图如图1-2所示。

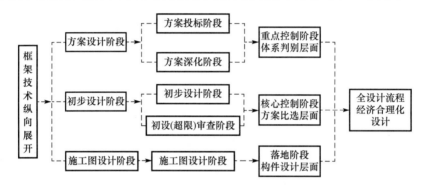

图1-2　建筑结构经济合理化设计框架技术方法的纵向框架展开图

2. 方案投标阶段

1) 方案投标前期阶段，主要工作内容包括：

（1）依据方案前期资料（建设地点自然条件、建筑限高、建筑面积、建筑功能等），初步提出主要设计依据、主要设计参数的选取原则。

（2）对建筑专业的结构可行性及结构经济合理性的初步建议，包括结构平面布置、结构立面体形、结构规则性判别、结构体系选择及其影响、地质条件与地基基础形式预判等。

2) 方案投标中期阶段，主要工作内容包括：

（1）结合建筑投标方案中期资料（初步建筑方案平面布置及立面体形、建筑高度、建筑层数、建筑面积等），对结构可行性/安全性给予初步定性判别。

（2）结合建筑投标方案中期资料，对结构合理性/经济性提出初步定性判别。

（3）对建筑投标方案设计中明显有结构可行性/安全性问题的部分给予及时反馈、调整的建议，保证与建筑方案结构可行性/安全性方向的合理有序深化。

（4）对建筑投标方案设计中明显有结构合理性/经济性问题的部分给予及时反馈、调整的建议，保证与建筑方案结构合理性/经济性方向的合理有序深化。

（5）结合建筑投标方案中期资料，对上部结构的结构体系选择给予深化建议。

（6）当拟建项目场地地勘资料或邻近工程地勘资料作为设计参考时，对地基基础形式的选择给予深化建议；否则，依据工程经验给予概念性判别建议。

3）方案投标定稿阶段，主要工作内容包括：

（1）结合建筑投标方案定稿文件，进行初步结构方案建模计算，对结构可行性及安全性给出定性判别建议。

（2）结合建筑投标方案定稿文件，进行初步结构方案建模计算，对结构合理性及经济性给出初步定量判别建议。

（3）结合建筑投标方案定稿文件，基本确定上部结构体系及地基基础选择（地勘资料支持条件下）。

方案投标阶段的框架技术方法展开图如图 1-3 所示。

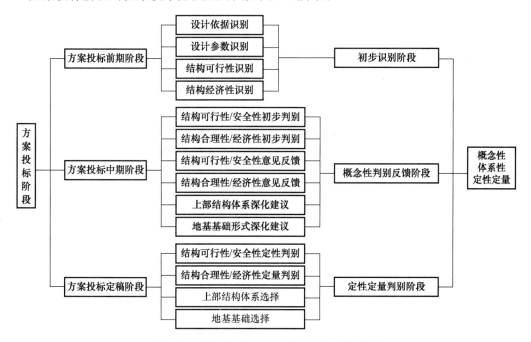

图 1-3 方案投标阶段的框架技术方法展开图

3. 方案深化阶段

1）结合建筑方案深化文件，对结构设计依据及主要结构设计参数予以明确。

2）结合建筑方案深化文件，对主要结构设计荷载取值及建筑方案对应措施给予初步建议（例如：面层厚度、地下室顶板覆土厚度、屋顶绿化种植土做法、建筑隔墙材质等）。

3）结合建筑方案深化文件，对地下室结构方案给予结构建议。对地下室层高与结构沉降验算、抗浮设计，地下室布置范围与场地地质条件匹配关系等，提出初步结构设计建议。

4）结合建筑方案深化文件，对楼盖体系方案给予结构建议。针对主次梁布置方案、地下室顶板方案、人防顶板方案、特殊楼盖方案等内容给予初步结构设计建议。

5）结合建筑方案深化文件，对上部结构抗侧力体系—剪力墙部分（对应框架—剪力墙结构体系和框架—核心筒结构体系）的布置方案给予结构建议。针对剪力墙平面和竖向布置方案、墙肢设计方案、开洞原则等内容给予初步结构设计建议。

6）结合建筑方案深化文件，对上部结构抗侧力体系—框架部分（对应各种结构体系的框架部分）的结构方案给予设计建议。针对混合结构与混凝土结构比选、框架与框架—剪力墙结构比选、混凝土框架与钢框架比选等内容给予初步结构设计建议。

7）特殊建筑方案和特殊结构方案的可行性确认。针对大跨度建筑屋盖、大悬挑建筑做法、结构转换、建筑收进、平面（凹凸不规则、楼板不连续等）及立面体形（收进、多塔）不规则、筒体偏置、宽扁梁、强化框架等内容给予初步结构设计建议。

8）依据建筑深化方案，更新结构试算模型，在校核前期阶段提供结构可行性及安全性定性判别建议。

9）依据建筑深化方案，更新结构试算模型，在校核前期阶段提供结构经济性及合理性定量判别建议。

10）依据建筑深化方案及更新地勘条件，校核上部结构体系及地基基础选择方案（在地勘资料支持条件下）。

方案深化阶段的框架技术方法展开图如图1-4所示。

图1-4 方案深化阶段的框架技术方法展开图

4. 初设阶段

1）50%初设阶段

（1）依据更新版设计条件，包括更新版建筑作业图和地勘资料等，对主要设计依据选用的准确性进行校核，对主要设计依据的合理性进行分析。

（2）依据更新版设计条件，对主要结构设计参数的选择进行校核，确认其选用准确性及合理性。

（3）依据更新版设计条件，对主要设计荷载的选取进行分析，并针对面层厚度、地下室顶板覆土厚度、屋顶绿化种植土做法、建筑隔墙材质等建筑相关做法，及时沟通、确认。补充结构荷载敏感性分析，分析结论供相关建筑做法及结构荷载取值确认参考。

（4）依据更新版设计条件（完整版详勘报告，受条件限制时临时提供的初勘报告或地勘报告中间资料等），进行详细的地基基础方案比选。研究桩基础、筏形基础、独立基础、抗浮方案、地基处理、沉降控制等结构地基基础相关方案的影响效果，核对前期基础形式预判建议，确定基础方案。

（5）依据更新版设计条件（建筑条件作业图等），进行详细的上部结构方案比选。依托框架、框架—剪力墙、框架—核心筒、钢框架、混合结构等多种结构形式，结合建筑作图要求，核对前期上部结构体系预判建议，确定上部结构选型。

（6）依据更新版设计条件，进行详细的楼盖体系方案比选。研究楼盖体系次梁布置方式、地下室顶板、人防顶板、组合楼盖、无梁楼盖、空心楼盖等相关内容的影响效果，并提出结构经济合理化设计建议。

（7）依据更新版设计条件，与建筑等专业协同确定地下室方案。重点包括地下室层高的确定及地下室布置范围的确认。当地下室方案的选择可能引起较为显著的结构体系性变动时（例如地下室层高影响抗浮设计方案、地下室层高影响沉降验算进而影响基础选型、地下室布置范围与大面积填土场地的匹配等情况），补充详细的地下室方案比选分析，分析结论供建筑专业地下室方案选择参考。

（8）依据更新版设计条件，进行主要抗震措施的优化识别分析，研究抗震等级、性能化设计、不规则控制等结构抗震措施相关内容的影响效果，并提出结构经济合理化设计建议。对于抗震措施的选择，综合考虑结构概念设计要求和结构经济性定量比选分析确定，以保证结构安全性为前提，对相关措施的经济性影响提出结构计算层面的定量化分析结果，供设计师决策参考。

（9）依据结构建模计算结果，对主体结构主要计算指标的经济合理性进行分析论证。对于部分明显异常（显著低于规范限值标准的指标等）的指标，依据设计条件，补充定性分析或定量分析，依据分析结论，调整结构设计方案或提供明确的异常原因说明。

（10）依据结构建模计算结果，对特殊建筑方案和特殊结构方案的可行性提供计算支撑，对其影响定量层面的统计进行分析，分析结论供建筑专业人员决策参考。

2）100%初设阶段

（1）依据结构专业初设计算成果，核对主要结构计算指标，确认其对于结构可行性/安全性及结构经济性/合理性的有效支撑。

（2）依据结构专业初设图纸成果，核对主要结构方案比选成果，确认其对于上部结构方案比选结论、基础形式比选结论、楼盖体系比选结论、地下室方案比选结论等结构方案性的有效支撑。

（3）依据结构专业初设说明成果，核对主要设计依据、主要结构计算参数、主要结构荷载选取、主要结构抗震措施等内容的选取准确性及合理性，保证其对于前期相关结构比选结论的有效支撑。

初设阶段的框架技术方法展开图如图1-5所示。

5. 初设（超限）审查阶段

1）主要设计依据和主要设计参数的初设（超限）审查风险评估，并对可能存在审查风险的设计依据及设计参数提供清晰的结构概念层面的定性分析和结构计算层面的定量分析，同时，提供对应的结构设计措施作为结构设计处理方案。

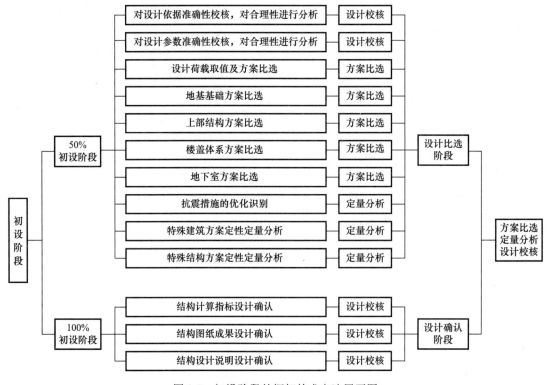

图 1-5　初设阶段的框架技术方法展开图

2）主要结构计算指标初设（超限）审查风险评估，并对可能存在审查风险的计算指标提供清晰的结构概念层面定性分析和结构计算层面定量分析，同时，提供对应的结构设计措施作为补充设计处理方案。

3）上部结构（包含抗侧力体系）设计方案初设（超限）审查风险评估，并对可能存在审查风险的上部结构方案设计要点提供清晰的结构概念层面定性分析和结构计算层面定量分析，同时，提供对应的结构设计措施作为结构设计处理方案。

4）地基基础（包含抗浮设计方案、地基处理方案等）设计方案初设（超限）审查风险评估，并对可能存在审查风险的地基基础方案设计要点提供清晰的结构概念层面定性分析和结构计算层面定量分析，同时，提供对应的结构设计措施作为结构设计处理方案。

5）主体结构性能化设计方法初设（超限）审查风险评估，针对确定的性能化等级、对应的性能水准、具体的性能目标进行结构概念层面的定性分析，优先保证结构安全性，同时，提供结构计算层面的定量分析。概念层面的定性分析结论作为结构安全性保证措施，计算层面的定量分析结论作为结构经济合理化控制参考依据。

6）主体结构设计加强措施（包含结构超限计算和设计措施、结构不规则控制措施）初设（超限）审查风险评估。进行结构概念层面的定性分析，优先保证结构安全性，同时提供结构计算层面的定量分析。概念层面的定性分析结论作为结构安全性保证措施，计算层面的定量分析结论作为结构经济合理化控制参考依据。

7）主体结构相关补充计算初设（超限）审查风险评估，包括：多遇地震弹性时程分析、第二软件计算校核、罕遇地震弹塑性分析、复杂节点弹塑性有限元分析、高层建筑底部墙肢拉应力控制、楼板地震应力有限元分析、结构温度应力分析等技术难点。进行结构概念层面的定性分析，优先保证结构安全性，同时，提供结构计算层面的定量分析。概念层面的定性分析结论作为结构安全性保证措施，计算层面的定量分析结论作为结构经济合理化控制参考依据。

初设（超限）审查阶段的框架技术方法展开图如图1-6所示。

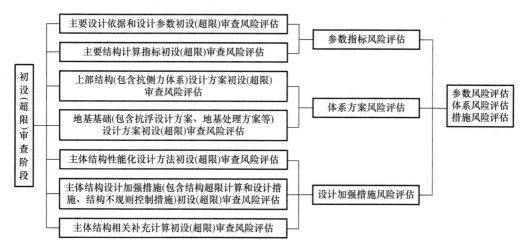

图1-6 初设（超限）审查阶段的框架技术方法展开图

6. 施工图设计阶段

1）依据更新版设计条件，对初设阶段主要结构设计参数、上部结构体系、地基基础形式、结构加强措施、补充结构计算成果校核，并制定施工图阶段，随设计深化，上述初设成果的具体深化执行措施。

2）编制统一技术措施及配筋统一标准执行情况审核，综合考虑结构安全性和结构经济性要求，执行统一设计措施和统一配筋设计标准。

3）综合考虑结构安全性和结构合理性要求，编制构件层面、配筋层面的补充技术措施，以地下室外墙配筋设计为例，典型补充技术措施说明如下：

（1）合理确定外墙计算模型。利用内部墙体布置，采用三边或四边支撑的计算模型，减少配筋量。

（2）合理确定土压力系数，B2层以下可选用主动土压力系数，条件允许时可利用护坡桩。

（3）合理确定水压力的分项系数，乘以分项系数后设计水头不超过地表高程。

（4）合理利用压弯验算模型、净宽验算裂缝等方式降低墙体配筋率。

（5）合理利用基础顶建筑面层（素混凝土回填等方案时）厚度缩减墙体计算跨度。

（6）合理区分验算荷载，裂缝验算时取消消防车荷载、施工堆载等临时活荷载。

4）施工图审查技术风险评估。

（1）对主体结构计算指标、主要结构构造措施、规范强制性条文等在施工图审查时，要逐一核对确认。

（2）对主体结构不规则控制、性能化设计、超长控制、弹性时程分析及其他相关补充加强措施对应的结构设计加强计算结果的图纸落实情况逐一核对、确认。

（3）对主体结构不规则控制、性能化设计、超长控制、弹性时程分析及其他相关补充加强措施对应的结构设计加强构造做法的图纸落实情况逐一核对、确认。

施工图设计阶段的框架技术方法展开图如图 1-7 所示。

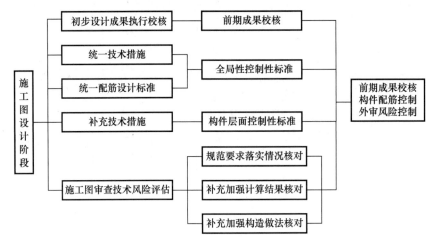

图 1-7　施工图设计阶段的框架技术方法展开图

1.5　框架技术横向展开

结构经济合理化设计框架技术的横向展开是指依据项目结构设计内容确定对应的经济合理化设计措施，本节将对横向展开的技术框架予以说明。

1. 总体框架

1）结构设计依据经济合理化设计识别。

2）结构设计参数经济合理化设计识别。

3）结构荷载控制经济合理化设计方法。

4）基础方案比选经济合理化设计方法。

5）地下室方案比选经济合理化设计方法。

6）楼盖体系比选经济合理化设计方法。

7）抗侧力体系（剪力墙）经济合理化设计方法。

8）抗侧力体系（框架）经济合理化设计方法。

9）抗震措施识别及经济合理化设计方法。

10）特殊结构方案的合理性及经济性论证。

结构经济合理化设计框架技术方法展开图如图 1-8 所示。

2. 结构设计依据识别

1）国家及地方标准、规范、规程的应用建议。标准/规范/规程版本应及时更新，对于规范中"宜"与"应"的相关描述要区分，对于规范中描述相对模糊或者规范盲区部分由设计识别与决策，加强对地方标准、规范、规程及地方政府主管部门相关设计规定的解读。

2）地勘报告的相关建议。场地类别、地震分组及对应的特征周期的设计识别，地基基础形式建议的选用决策，地基处理方案建议的选用决策，桩基础参数及其试桩后的设计反馈与调整，地基承载力深度修正、宽度修正方案及修正后地基承载力的方案复核与实际应用建议，抗浮设计水位核对与确认。

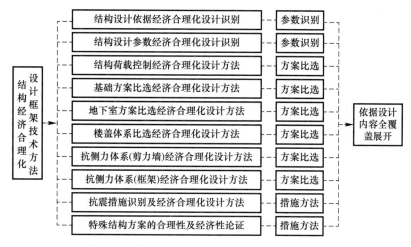

图 1-8　结构经济合理化设计框架技术方法展开图

3）地震作用、风荷载、雪荷载相关参数建议。设防烈度与地方特殊规定的落实，风荷载要求及相邻楼响应，积雪荷载与冻融效应的考虑等。

4）风洞试验、振动台试验、复杂节点试验等补充设计依据的相关建议。结合项目的具体情况，当提供如上所述的特殊类型设计依据时，提出相关应用建议。

结构设计依据设计识别的框架技术方法展开图如图 1-9 所示。

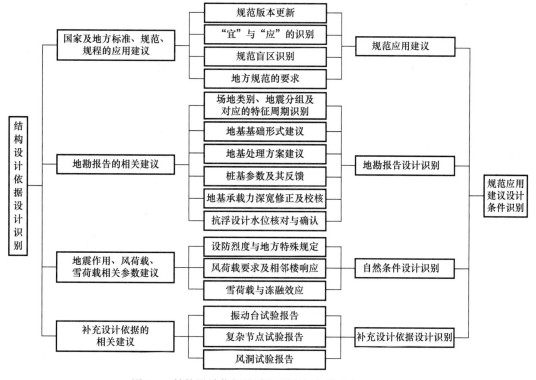

图 1-9　结构设计依据设计识别的框架技术方法展开图

3. 结构主要设计参数设计识别及经济合理化设计方法

1）周期折减系数的确定。依据结构体系、建筑使用功能、隔墙布置状况、隔墙材质综合确定。

2）连梁刚度折减系数。承载力计算和位移控制时可按照不同的折减系数予以控制。

3）中梁刚度放大系数。依据规范考虑中梁刚度放大系数的有利影响。

4）结构阻尼比的确定。钢筋混凝土结构、钢结构、混合结构的阻尼比选用，性能化设计结构阻尼比的适当放大等。

5）梁柱刚域计算假定的应用。通过计算模型设定梁柱刚域降低梁柱构件配筋量。

6）结构安全等级和结构重要性系数的确定。结合结构的抗震设防分类，确定结构的安全等级及对应的结构重要性系数，主要是针对乙类建筑是否选用安全等级一级的相关讨论。

结构主要设计参数设计识别及经济合理化设计方法的框架技术方法展开图如图 1-10 所示。

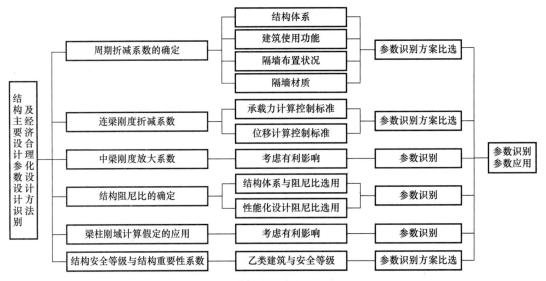

图 1-10 结构主要设计参数设计识别及经济合理化设计方法的框架技术方法展开图

4. 结构荷载设计识别及经济合理化设计方法

1）建筑隔墙材质选用判别。主要隔墙形式包括：轻集料砌块隔墙、轻钢龙骨石膏板隔墙、装配式条板隔墙等。主要控制内容包括：隔墙材质限定、砌块重度控制等。主要隔墙荷载验算方法包括：移动隔墙等效荷载分析、隔墙荷载的等效施加方法等。

2）建筑面层填充材质选用判别。结构降板区域的建筑面层填充材质控制，如轻集料混凝土面层填充材质做法、陶粒混凝土面层填充材质做法等。

3）绿化种植土材质选用判别。主要应用的绿化种植土类型：素土（饱和重度 18kN/m³）、草炭混合土（饱和重度 13kN/m³）、宝绿素（饱和重度 7kN/m³）。依据实际情况选用，通常情况下优先选择普通草炭混合土。结构荷载控制条件较为严格时，可选择成本较高但荷载明显较低的宝绿素等轻质种植土。

4）幕墙（设备）荷载等的判别分析。依据幕墙做法特点判别幕墙荷载的预留值建议，依据实际幕墙荷载条件设计预留。设备机房等区域，有特殊设计需求时，可依据设备的实际自重及其荷载分摊面积确定设备荷载施加准则。

5）活荷载敏感性分析。依据业主单位的特殊需求，讨论高于规范标准的活荷载取值对结构造价的影响，并提出可作为决策依据的分析结果。

结构荷载设计识别及经济合理化设计方法的框架技术方法展开图如图 1-11 所示。

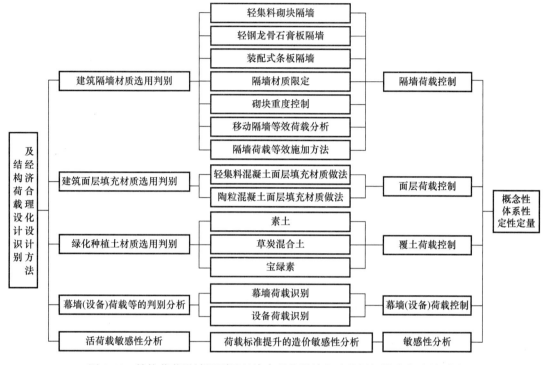

图 1-11　结构荷载设计识别及经济合理化设计方法的框架技术方法展开图

5. 基础方案比选经济合理化设计方法

1）特殊地质条件地基基础形式比选。不均匀地基土层条件下桩基础、墩基础、筏形基础的比选。例如：基岩顶面倾斜的基底土层条件，考虑差异沉降的实际影响后，筏形基础的应用可行性论证及经济性分析。

2）变厚度筏形基础的筏板厚度方案比选。筏板厚度通过结构材料用量统计予以直观判别，柱帽尺寸依据土层条件概念判别并作定量比选分析。

3）桩基础的单桩承载力估算方法比选。常规单桩承载力计算方式的经验系数法计算方法与嵌岩桩计算方法。

4）桩基类型比选。现浇类型的钻孔灌注桩和预应力管桩等的方案比选。

5）成桩工艺比选。旋挖桩、人工挖孔桩、冲孔桩等相关工艺及其应用利弊的方案比选。

6）地基处理方案比选。换填垫层法、CFG 桩、振冲碎石桩等地基处理方案对于提高承载力、处理液化等不利地质条件的应用比选。

7）筏形基础与独立基础＋防水板基础形式的比选。依据基底土承载力条件、抗浮设计水位影响等的基础方案比选。

8）整体抗浮设计方案比选。压重抗浮、锚杆抗浮、抗拔桩抗浮等设计方案的比选。

9）局部抗浮设计方案比选。局部设置抗拔桩、抗拔锚杆或局部加强筏板厚度、配筋方案比选。

10）基础沉降控制方案比选。分层总和法沉降计算复核、欠补偿基础沉降控制、回弹再压缩沉降计算等。

11）基础设计的有利因素。活荷载折减、考虑上部结构刚度等方案的选用。

基础方案比选经济合理化设计方法的框架技术方法展开图如图 1-12 所示。

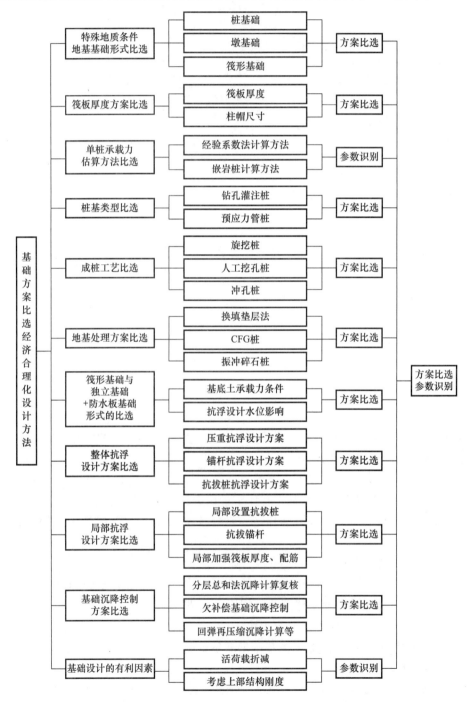

图 1-12　基础方案比选经济合理化设计方法的框架技术方法展开图

6. 地下室方案比选经济合理化设计方法

1）无梁楼盖地下室方案的可行性论证。无梁楼盖体系经济性分析、结构安全性分析、地下室层高和基坑深度相关性讨论、抗浮方案相关性讨论、综合收益比选。

2）地下室层高与结构沉降验算相关性分析。依据地下室层高与结构基底附加应力的相互关系，分析地下室层高对于沉降计算的影响，分析地下室层高与地基基础方案，并作为地下室层高决策参考数据。补偿式基础对于结构沉降计算有影响。

3）地下室层高与结构抗浮验算相关性分析。依据地下室层高与抗浮设计水头的相互关系，分析地下室层高对于抗浮验算和抗浮设计方案的影响，并作为地下室层高决策参考数据。

4）地下室设置范围方案比选。结合拟建项目所在位置的工程地质条件，综合考虑建筑使用功能、工程造价及业主单位的切实需求，讨论地下室设置范围的方案比选。

地下室方案比选经济合理化设计方法的框架技术方法展开图如图1-13所示。

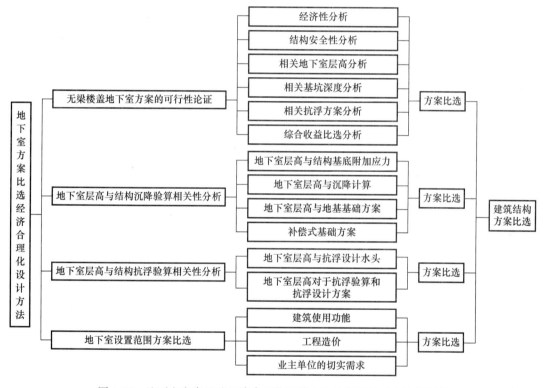

图1-13　地下室方案比选经济合理化设计方法的框架技术方法展开图

7. 楼盖体系比选经济合理化设计方法

1）地上结构普通楼盖体系比选。针对地上结构荷载条件，讨论大板楼盖、十字交叉次梁楼盖、单向单道次梁楼盖、单向双道次梁楼盖等楼盖体系方案。考虑楼盖自重对结构抗震设计的影响。

2）地下室大板压重楼盖体系比选。针对地下室结构荷载条件，讨论大板楼盖、十字交叉次梁楼盖、单向单道次梁楼盖、单向双道次梁楼盖等楼盖体系方案。考虑楼盖自重对结构压重抗浮设计的影响。

3）嵌固端大板做法楼盖体系比选。针对地下室结构荷载条件，讨论大板楼盖、十字交叉次梁楼盖、单向单道次梁楼盖等楼盖体系方案。考虑嵌固端楼盖构造要求的影响。

  4）人防顶板楼盖体系比选。针对人防顶板荷载条件，讨论大板楼盖、十字交叉次梁楼盖、单向单道次梁楼盖等楼盖体系方案。考虑人防顶板楼盖构造要求的影响。

  5）组合楼盖方案比选。常见的组合楼盖体系包括，钢筋桁架组合楼盖、压型钢板组合楼盖、现浇组合楼盖，结合现场情况和施工手段综合决策。

  6）地下室无梁楼盖可行性判别。无梁楼盖的选用主要涉及地下室层高节约、基坑深度节约、抗浮设计方案有利等因素，综合比较楼盖造价影响。

  7）空心楼盖等特殊楼盖做法可行性和经济性判别。特殊建筑外观要求或结构净高要求的楼盖经济性分析。

  楼盖体系比选经济合理化设计方法的框架技术方法展开图如图 1-14 所示。

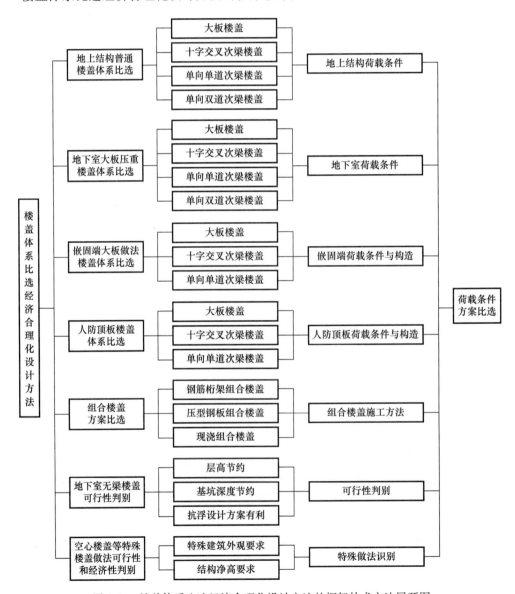

图 1-14 楼盖体系比选经济合理化设计方法的框架技术方法展开图

16

8. 抗侧力体系（剪力墙部分）经济合理化设计方法

1）剪力墙筒体平面布置方案影响分析。主要针对项目前期阶段，结合不同的建筑方案，讨论筒体平面布置的优先选用原则，包括筒体高宽比、筒体长宽比、筒体平面尺寸、分离式筒体的影响。

2）剪力墙筒体竖向布置方案影响分析。主要针对项目前期阶段，结合不同的建筑方案，讨论筒体竖向布置的优先选用原则，包括筒体偏置、筒体收进的影响。

3）剪力墙筒体布置方案设计方法。主要针对剪力墙筒体外筒及内墙的布置原则、外筒墙肢长度、内墙设置方案比选分析。

4）剪力墙墙肢方案设计方法。主要包括墙肢长度设计原则、墙肢开洞设计原则对结构合理性和结构经济性的影响。

5）剪力墙连梁方案设计方法。主要包括连梁高度设置方案和连梁长度设置方案对结构合理性及经济性的影响。

6）框架—剪力墙结构与框架结构方案比选。综合考虑结构造价、结构安全性和可行性、建筑使用功能、运维拆改灵活性要求，对框架—剪力墙结构和框架结构方案比选提出设计建议。

7）少墙框架结构与框架结构方案比选。综合考虑结构造价、结构安全性和可行性、建筑功能平面要求，对少墙框架结构和框架结构方案的比选提出设计建议。

8）超高层建筑框架—核心筒结构与框架—剪力墙结构方案比选。主要针对超高层项目前期阶段，结合不同的建筑方案，讨论选用框架—核心筒结构或框架—剪力墙结构的结构经济性分析及全专业综合收益分析，提出相关设计建议。

抗侧力体系（剪力墙部分）经济合理化设计方法的框架技术方法展开图如图1-15所示。

9. 抗侧力体系（框架部分）经济合理化设计方法

1）超高层建筑钢筋混凝土结构体系与混合结构体系比选分析。结合超高层项目建筑方案的主体结构高度、建筑功能平面布置、抗震设防烈度、风荷载条件，综合考虑竖向构件尺寸、施工速度和综合成本效益，客观分析钢筋混凝土结构体系和混合结构体系的各自优势，提出体系决策设计建议。

2）钢筋混凝土框架结构与钢框架结构比选。结合项目建筑方案的结构安全属性、建筑功能平面布置、施工速度、结构造价、特殊建筑要求匹配、综合成本效益，客观分析钢筋混凝土框架与钢框架的各自优势，提出体系决策设计建议。

3）框架柱轴压比控制建议。综合比选增加钢骨、设置井字复合箍、设置芯柱、选用高强混凝土、控制柱截面形状的结构合理性和结构经济性，同时，综合考虑建筑专业的相关需求，依据全专业最优化原则提出决策设计建议。

4）层高限定条件下宽扁梁的应用建议。综合考虑结构造价、建筑使用功能需求，讨论宽扁梁做法对于结构经济性的影响，并依据全专业最优化原则提出决策设计建议。

5）结构扭转或抗侧刚度不足等情况下强化框架应用建议。综合考虑结构造价、建筑使用功能需求，讨论强化框架做法对于结构经济性的影响，并依据全专业最优化原则提出决策设计建议。

抗侧力体系（框架部分）经济合理化设计方法框架技术部分展开图如图1-16所示。

10. 抗震措施识别及经济合理化设计方法

1）结构抗震等级确定及其影响。结合项目的结构体系、主体结构高度、抗震设防烈度、设计加强措施、抗震设防分类、结构规范特殊要求等相关条件，综合考虑结构设计合理性和结构设计经济性，在满足规范标准的前提下，提出抗震等级确定方案及其经济合理化设计方法。

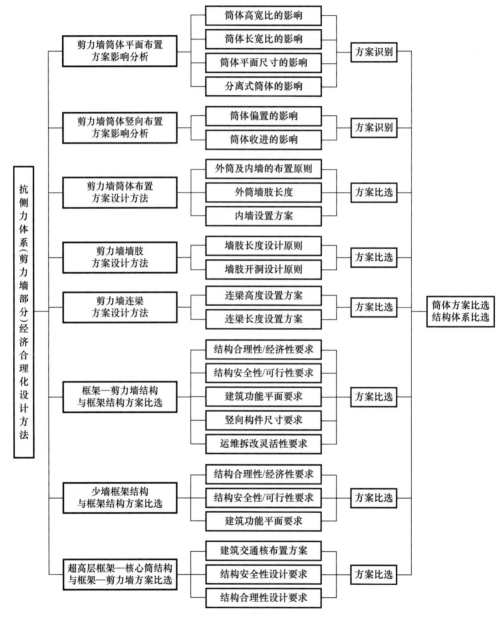

图 1-15　抗侧力体系（剪力墙部分）经济合理化设计方法的
框架技术方法展开图

2）结构抗震构造措施确定及其影响。结合项目的规范构造要求、设计加强构造措施、不规则控制要求、性能化设计要求、抗震等级提升对应要求、结构延性提升要求等相关条件，综合考虑结构设计合理性和结构设计经济性，在满足规范标准的前提下，提出结构抗震构造措施确定方案及其经济合理化设计方法。

3）性能化设计及其结构合理化设计方法。针对具体性能目标确定、性能等级设定、性能水准选定及具体的性能设计措施制定，对应提出结构合理化设计方法。

4）结构不规则控制及其结构合理化设计方法。针对主体结构平面不规则、竖向不规则、其他不规则和特别不规则属性，对应制定不规则计算控制措施和设计措施，并提出相关结构合理化设计方法。

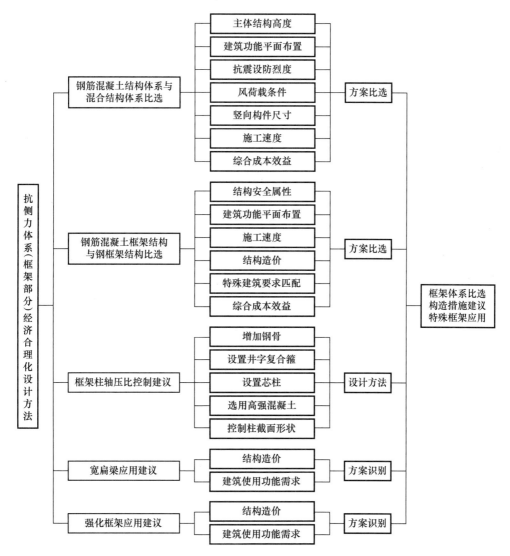

图 1-16　抗侧力体系（框架部分）经济合理化设计方法框架技术部分展开图

抗震措施识别及经济合理化设计方法的框架技术方法展开图如图 1-17 所示。

11. 特殊建筑结构方案的合理性及经济性论证

1）大跨度建筑方案可行性论证和结构经济性分析。依据建筑跨度情况，提出钢筋混凝土大跨度梁、钢结构大跨度梁、大跨度桁架、大跨度网壳、大跨度张弦构件、大跨度索膜结构方案，并对方案比选依据全专业最优收益原则提出结构设计方案。

2）大悬挑建筑方案可行性论证和结构经济性分析。依据建筑方案悬挑情况，提出钢筋混凝土大悬挑梁、钢结构大悬挑梁、悬挑桁架方案，并对方案比选依据全专业最优收益原则提出结构设计建议。

3）竖向构件转换方案可行性论证和结构经济性分析。依据建筑方案竖向构件转换情况，提出钢筋混凝土梁转换、型钢混凝土梁转换、桁架转换解决方案，并对方案比选依据全专业最优收益原则提出结构设计建议。

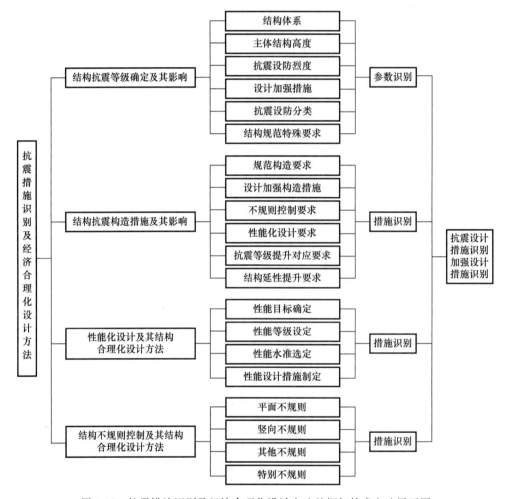

图 1-17　抗震措施识别及经济合理化设计方法的框架技术方法展开图

4）竖向收进方案可行性论证和结构经济性分析。依据建筑方案竖向收进情况（塔楼＋裙房收进或大底盘＋多塔收进），提出相关结构处理措施设计建议。

5）平面不规则方案可行性论证和结构经济性分析。依据建筑 L 形平面、细腰平面、楼板大开洞、楼板不连续、弱连接结构，提出相关结构处理措施设计建议。

6）筒体偏置方案可行性论证和结构经济性分析。依据建筑筒体偏置方案，提出补充端部剪力墙、补充立面支撑方案建议，并对筒体偏置的结构可行性和经济性提出判别建议。

特殊建筑结构方案的合理性及经济性论证的框架技术方法展开图如图 1-18 所示。

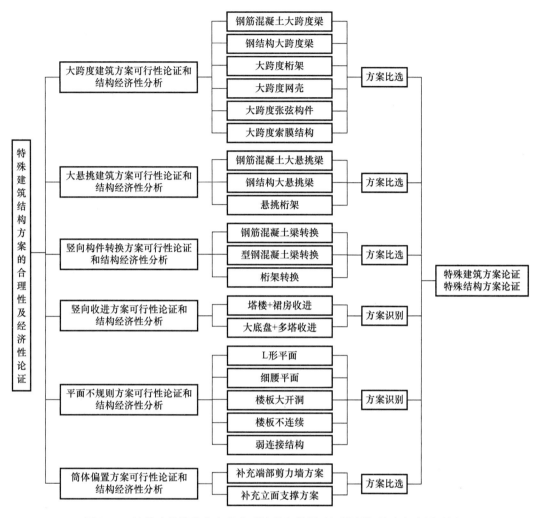

图 1-18 特殊建筑结构方案的合理性及经济性论证的框架技术方法展开图

第2章　设计依据合理化识别与典型案例分析

结构设计依据种类众多，其中，设计任务书、建筑图纸、设备专业提资等非结构设计层面控制内容不作为本章的重点研究。结构设计规范、地勘报告、风洞试验报告、地震安全性评价报告、自然环境荷载条件、振动台试验报告、复杂节点试验报告等，与结构设计密切相关，并且在设计依据使用过程中需要结构设计人员依据专业知识予以判别和辨析，具备一定的研究价值。需要提出相对应的设计注意事项，避免在相关设计依据使用过程中出现影响结构设计经济合理性的相关设计决策。

本章针对标准/规范/规程、地勘报告、自然荷载条件这3类结构设计相关性较大，且设计识别过程影响较为明显的设计依据，对其结构经济合理化设计识别要点进行重点研究。

2.1　标准/规范/规程设计识别

针对国家、地方的标准/规范/规程，在建筑结构设计过程中的合理化识别要点说明如下：

1）需保证及时更新标准/规范/规程的版本，严禁应用旧版内容进行结构设计。在设计流程中如遇版本更新情况，应与业主单位及当地施工图审查单位协商，落实工程控制要求。

2）对于规范中"宜"与"应"的相关描述区分，应结合实际工程情况、行业应用惯例、既往工程经验及项目施工图审查单位建议等多方面内容综合确定。最终，应用方式应以施工图审查单位意见为准。对部分规范应用标准偏于严格的"宜"类描述设计要求，在充足的既往工程经验支持及施工图审查单位认可的前提下，可结合实际情况通过其他补充加强措施予以落实。

对于上述设计建议，举例说明如下：依据规范相关规定，重点设防类建筑（注：即乙类建筑），其结构安全等级"宜"为一级，对应的结构重要性系数为1.1。按照上述标准，将对部分非抗震控制的结构构件进行承载力提升，尤其是非抗震相关结构构件按照基本工况进行承载力控制时，将获得10%水准的承载力提升。依据设计团队既往工程经验，由于重点设防类建筑（常见类型为未成年人学校、医院、大型商业和面积超过8万 m² 的公共建筑等）通常已经对抗震相关结构设计措施进行了针对性提升，是否有必要依然按照安全等级"一级"、结构重要性系数"1.1"进行基本工况双控，值得商榷，或者可以理解即便需要增加设计冗余，将有限的预算应用在实际结构薄弱区域，则此部分预算的实际发挥效用将远超无差别提升方式的结构安全等级提升模式。事实上，依据工程经验，大部分此类公建，依据施工图审查单位意见，并未要求按照上述标准控制，已经可以满足结构安全性要求。在实际工程设计过程中，务必提前加强与施工图审查单位的沟通，或者至少加强对项目所在地域工程设计、报审习惯的了解，保证在充分落实规范要求的前提下，有效地对规范非确定性要求进行高效、合理的选择性执行。

3）对于规范中描述相对模糊或者是规范盲区的内容，可充分借鉴既往工程经验和实际工程完成效果，与结构概念设计和结构计算分析相结合，综合决策。对于结构概念设计和结构计算分析困难部分，为有效地保证结构安全性能，可优先选用包络设计方法，将保证结构安全性作为首要控制目标。

4）对于地方标准/规范/规程及地方政府主管部门相关设计规定，需加强调研与前期资料获取。依据我国建筑设计的实际情况，部分地方规范的规定与国家标准的规定有一定差异（注：不排除某些省级规程规定低于国家标准要求的情况）。此类条件下，必须加强对于地方相关标准/规范/规程及地方政府主管部门相关设计规定的前期资料获取，并对应执行。

以现行北京市地方标准《北京地区建筑地基基础勘察设计规范》DBJ 11-501 为例，该地方规范与国家标准内容典型的一处差异为：地基承载力深度修正扣除的土厚度为 1.5m，显著高于国家标准要求的 0.5m。上述差异在某些工程条件下，足以导致部分设计工程的地基基础形式发生根本性调整，甚至涉及天然地基是否成立，是否需要选用地基处理或桩基础等全局性地基基础方案变化。有效地加强设计人员对地方规范的学习和前期调研，可以最大程度保证设计成果满足施工图报审要求，并尽可能规避后期不必要的工作内容反复。

2.2 地勘报告应用识别

地勘报告是地基基础设计的主要依据，其包含的相关地质情况资料对于主体结构地基基础形式的确定具有决定性影响。作者结合团队既往工程经验，总结了地勘报告应用时应关注的重点：

1）场地类别、地震分组及对应的特征周期与结构设计规范相关要求的对应核查，需保证一致，否则，应及时与勘察单位沟通修改。

2）地基基础形式建议的选用决策。在通常情况下，勘察报告会结合场地实际工程地质情况及上部结构概况，并提供初步地基基础形式建议。此处需要说明的是，勘察报告中的上述建议并非绝对性的，基于前期方案调整、地质条件精细化分析等手段，在设计单位理由充分且确保可以有效保证调整后的地基基础方案满足相关规范及报审要求，并且当足够安全时，出于结构安全性或经济合理性等需求，设计单位有权对现有勘察报告建议的基础形式进行调整。并建议与勘察单位及时沟通，对原有报告地基基础形式进行修改或提供补充报告，与设计调整后地基基础方案相匹配。

3）地基处理方案建议的选用决策。限于专业与资质的原因，主体结构设计师虽然可以提出强夯、换填垫层、CFG 等地基处理设计要求，要求处理后的地基承载力满足设计标准的规定。但对于具体的地基处理做法，还需要依据具备相应资质的岩土专业工程师完成相关设计和出具设计图纸的工作。出于上述原因，同为岩土专业划分的勘察单位及其提供的勘察报告中对于地基处理的相关建议具备更高的参考价值。同时，鉴于勘察单位通常均为项目所在地的设计单位，对于工程所在地及其邻近区域的工程地质条件和已建工程地基基础情况相对熟悉，其提出的地基处理设计建议大多数情况下均为当地实际工程已经验证的、具备施工条件的，且适合当地工程地质条件的稳妥做法，设计单位应该优先选用。

4）桩基参数及其试桩后的设计反馈与调整。常规桩基设计均以勘察单位提供的相关桩基参数进行单桩承载力估计和桩基设计，待正式试桩后，确认单桩承载力满足原估算要求。考虑岩土工程的属性离散，试桩实测数据与报告预估数据是完全有可能出现较大差异的，甚至试桩数据明显高于原始预估桩基参数。在上述情况下，在保证试桩数目足够且确保为本工程地基基础部分的普遍情况后，完全有必要联系勘察设计单位对原设计参数进行校核，如有条件需进行参数调整。允许主体结构依据调整后的桩基参数（建议有勘察设计单位提供补充报告）进行设计。

以吉林省白山市某温泉酒店项目为例，该项目的原始勘察报告的桩基参数如图 2-1 所示。实际试桩过程中，由于该项目采用预应力管桩、静压送桩方案，发现实际送桩压力远大于依据勘察报告原始数据和规范公式计算得到的单桩承载力极限值（超出 2 倍以上），故经与总承包单位、业主单位、勘察单位多方讨论后确定及时加大试桩压力峰值，并依据规范要求、试桩结果和勘察单位原始采集的数据，对勘察报告提供的桩基参数进行调整，更新后的勘察报告桩基参数如图 2-2 所示。

桩基参数

土层序号	岩土名称	桩的极限侧阻力标准值 (kPa)	桩的极限端阻力标准值(kPa)	
			桩长≤9m	9m<桩长≤16m
1	素填土	—		
2	含碎石黏土1	15	—	
3	含碎石黏土2	36	1200	2200
4	漂石	100	4000	4500
5	中风化玄武岩	—	11000	11000

图 2-1　原始勘察报告的桩基参数

桩基参数

土层序号	岩土名称	桩的极限侧阻力标准值 (kPa)	桩的极限端阻力标准值 (kPa)
1	素填土	—	
2	含碎石黏土1	20	—
3	含碎石黏土2	50	2600
4	漂石	145	5000

图 2-2　更新后的勘察报告桩基参数

如图 2-1 及图 2-2 所示，更新勘察报告和结构桩基设计图纸，经核算实际节约工程桩用量 30%～40%，有效地提升了结构桩基设计的经济合理性。

5）地基承载力深度修正、宽度修正方案及修正后地基承载力的方案复核与实际应用建议。在实际应用过程中，部分勘察报告已经对场地地基土承载力的深度修正、宽度修正进行了计算，并提供了修正后的承载力建议值。在此类条件下，结构设计师需要对原勘察报告提供的修正方案进行复核与确认。依据规范要求、场地高程条件、场地土层条件、地下水位等相关因素核算地基土深度、宽度修正方案，并与勘察报告提供的修正方案进行比对。如有差异（常见情况为部分勘察报告提供的修正方案偏于保守，深度修正系数低于规范的建议值，不考虑宽度修正等），应与勘察单位加强沟通，及时确定差异原因，并依据实际情况确定处理方案。

6) 抗浮设计水位的核对与确认。对于勘察报告提供的抗浮设计水位，在通常情况下，设计单位可作为直接设计依据使用，但在以下情况（仅为举例，并不限于下述范围）需要特别注意：

（1）项目整体室外地坪高差较大（常见为坡地建筑），但勘察报告提供的抗浮设计水位为统一数值，或场地范围较大、设计抗浮水位较高时，考虑实际水位情况在该类坡地场地条件下应为对应地表高程变化水位分布。此时，应与勘察单位及时沟通，条件允许时，要求勘察单位提供分区域抗浮设计水位或随地形变化的梯度抗浮设计水位。

以深圳某大底盘、超高层住宅项目为例。项目整体大底盘地库部分为典型的坡地建筑，典型剖面图如图 2-3 所示。

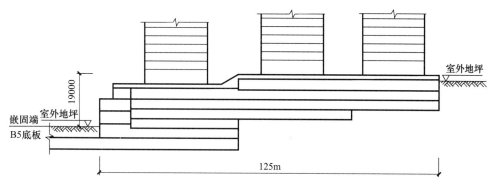

图 2-3　大底盘坡地建筑典型剖面图

在上述案例工程中，依据勘察报告描述，地下水位埋深 1.00～15.00m，标高为 15.90～63.78m，总体北高南低，随地形的起伏而起伏，初步建议抗浮设计水位取设计地坪标高以下 1.0m。

考虑上述工程现阶段勘察报告提供的抗浮设计水位过于宽泛，设计单位依据工程实际情况和设计需求提出的设计反馈意见如下：

① 按照子项和地库分地块提供抗浮设计水位。

② 提供抗浮设计水位的等高线图，不宜对于高差地形设置统一抗浮设计水位。

③ 可考虑拟选用疏排水方案，并建议勘察单位调整抗浮设计水位。

（2）抗浮设计水位处于临界值，直接影响抗浮设计方案（例如，从简单处理的压重抗浮设计方案调整为抗拔锚杆或抗拔桩抗浮设计方案）决策的情况。该类情况下由于抗浮设计水位的数值直接影响结构抗浮方案决策，并可较大程度影响工程造价总额，故建议与勘察设计单位进行核对性沟通，依据项目地下水的常水位数值、水位变化幅度、场地排水条件、现有抗浮设计水位提资依据等，进一步核对抗浮设计水位。如有条件，依据实际情况更新抗浮设计水位，保证结构抗浮设计方案的经济合理性要求。

2.3　自然条件荷载设计识别

针对地震作用、风荷载、雪荷载、温度作用等自然条件荷载的选用，其合理化识别要点说明如下：

1）抗震设防烈度及其选用标准对主体结构设计影响重大，大多数情况下为主体结构抗侧力计算的控制工况，合理确定上述标准对于结构设计的经济合理化水平影响重大。常规情况下，抗震设防烈度及地震作用的取值依据规范确定即可，但部分情况也需要引起注意。例如，部分地区的当地政府主管部门对于建筑抗震设防烈度控制有高于规范标准的附加要求，对于此类情况一定要提前沟通确认，有效保证结构设计荷载取值的准确性，避免后期施工图外审及相关环节有大规模的返工，严重影响项目设计进度。

（1）案例 1：以山东省济南市某超限高层办公楼为例，该工程依据现行国家标准《建筑抗震设计规范》GB 50011 的规定有：抗震设防烈度，6 度；基本地震加速度，$0.05g$；设计地震分组，第三组；建筑场地类别，Ⅱ类；场地土特征周期：$T_g = 0.45\text{s}$。

根据《山东省人民政府办公厅关于进一步加强房屋建筑和市政工程抗震设防工作的意见》（鲁政办发〔2016〕21 号）相关内容"新建（改建、扩建）房屋建筑和市政工程设计方案应符合抗震概念设计要求，优先选用有利于抗震的结构体系和建筑材料，并不低于地震烈度 7 度进行抗震设防，设计基本地震加速度值为 $0.10g$"。最终确定：抗震设防烈度，7 度；基本地震加速度，$0.10g$；设计地震分组，第三组；建筑场地类别，Ⅱ类；场地土特征周期，$T_g = 0.45\text{s}$。

采用上述抗震设防标准时，以下内容予以执行：

① 单体为标准设防类。

② 本工程抗震措施（包含抗震构造措施）相关的抗震等级要求，依据抗震计算与抗震措施相匹配的原则，均按照抗震设防烈度 7 度（$0.10g$）选取。

③ 本工程性能化设计、罕遇地震弹塑性分析相关的中震、大震相关计算参数均按照 7 度（$0.10g$）选取。

（2）案例 2：以山东省菏泽市某体育中心项目为例，对具体抗震设防烈度的规范要求、地方要求及与业主单位的沟通确认内容如下：

① 依据现行国家标准《建筑抗震设计规范》GB 50011 的相关规定，菏泽市牡丹区抗震设防烈度为 7 度（$0.15g$），设计地震分组为第二组。

② 甲方之前提供参考的邻近建筑地勘报告《菏泽市体校一期岩土工程勘察报告》，抗震设防烈度按 8 度考虑，设计地震分组为第一组。设计基本地震加速度为 $0.20g$。

③ 根据我方已有资料：《山东省建设工程抗震设防条例》第十四条规定：对国家建设工程抗震设防技术标准以及工业、交通、水利、电力、核电、通信、铁路、民航等行业抗震设计规范规定的特殊设防类和重点设防类建设工程，有关部门和单位应当按照规定提高抗震设防要求或者提高抗震措施。新建、改建或者扩建学校、幼儿园、医院、养老机构、儿童福利机构、应急指挥中心、应急避难场所、广播电视等建筑，应当按照不低于重点设防类的要求采取抗震措施。《山东省防震减灾条例》第三十一条、《菏泽市建设工程抗震设防管理办法》相关条例规定：学校、幼儿园、医院等人员密集场所的建设工程，应当在地震小区划结果、国家颁布的地震动参数区划图或者地震安全性评价结果的基础上提高一档确定抗震设防要求。

④ 以上文件均未明确体育场馆是否属于人员密集场所建设工程，是否需提高一档确定抗震设防要求。

⑤ 另外根据现行国家标准《建筑工程抗震设防分类标准》GB 50223 规定，本项目体

育场馆为重点设防类。根据规范重点设防类建筑，应按高于本地区抗震设防烈度一度的要求，加强其抗震措施。如果本工程抗震设防烈度按8度考虑，抗震措施是否还要按提高一度加强，即按抗震设防烈度9度确定抗震措施呢？从技术角度出发，可按抗震设防烈度8度（0.2g）作为设防烈度和按抗震设防烈度9度确定抗震措施，但结构抗震设防烈度和抗震等级的提高会大幅度增加工程造价。为了保证经济性和设计合理性，甲方请尽快与审图单位沟通，确定抗震设防烈度和抗震等级，以免影响设计进度。

2）风荷载及其选用标准依据项目的实际情况和规范要求对应落实。受到项目体形、高度、地区基本风压、地区抗震设防烈度的影响，风荷载对于项目主体结构设计的影响差异巨大。对于大多数多层建筑、高度较低的高层建筑、抗震设防烈度较高区域的高层建筑，由于风荷载工况不属于控制工况，其对项目造价的影响很小或基本被忽略。但是，对于超高层建筑、大跨度空间结构、轻钢屋盖结构等风荷载响应较为敏感，且风荷载已经成为控制工况的情况，风荷载选用至关重要，甚至对项目整体的经济合理化水平起控制作用。在上述情况下，风荷载作为设计依据的取值，除依据规范的标准取值流程外，还可列举部分特殊情况事项如下：

（1）依据现行国家标准《建筑结构荷载规范》GB 50009相关规定，建筑物高度超过200m时，建议考虑使用风洞试验的方法确定风荷载，且风洞试验确定的风荷载数值不宜低于规范规定值。

（2）多栋建筑组成的裙楼组团，当建筑物高度较高、楼栋数目较多、风荷载作用较为明显（注：例如风荷载起控制作用）时，应考虑相邻楼风荷载干扰效应的影响。干扰效应的放大系数取值可以依据现行国家标准《建筑结构荷载规范》GB 50009第8.3.2条及其条文说明选用，亦可通过风洞试验确定。

① 案例1：以广西南宁某超高层商业综合体为例，项目效果图如图2-4所示。

在3栋超高层结构中，主塔高300m，2栋副塔高均为200m，采用风洞试验确定风荷载，由于相邻楼影响效应，将2栋副塔的风荷载放大1.2倍左右。

② 案例2：以广东深圳某大底盘多塔超高层住宅裙楼为例，项目典型地块平面关系图如图2-5所示。

图2-4　广西南宁某超高层商业综合体效果图

该项目有数栋超高层结构，主塔高为150～170m，采用风洞试验确定风荷载，由于相邻楼的影响，各栋副塔的风荷载放大系数为1.15～1.30倍。

（3）部分大跨度/大悬挑空间结构、轻型屋盖结构。对于部分结构跨度较大（注：或者悬挑长度较大）的轻型钢结构屋盖体系，风荷载的影响相对显著，重点注意事项具体说明如下：

① 该类轻型钢屋盖结构体系自重较轻，如遇基本风压较大区域或建筑体系容易引起较大风吸力情况下，可能出现风吸力超过自重下压力的反向承载状态，对于屋盖结构体系的设计，必须考虑反向承载及其结构设计措施。

② 将该类轻型钢屋盖结构可以定义为对风荷载较为敏感的结构。按照规范相关要求，

应当适当提高基本风压取值，建议可以按照 100 年一遇基本风压取值或者按照承载力验算放大 1.1 倍考虑。

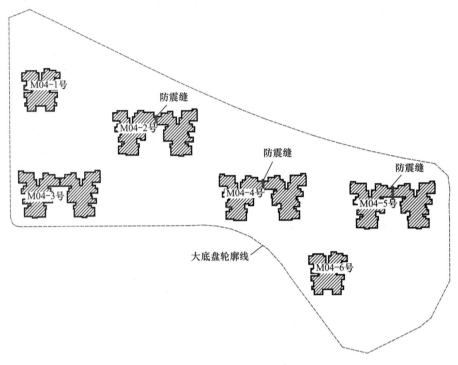

图 2-5　广东深圳某大底盘多塔超高层住宅裙楼典型地块平面关系图

③ 该类轻型屋盖结构，当建筑外形相对特殊，规范无明确对应体形时，需慎重讨论体形系数和风振系数取值，定义困难时，优先保证结构安全，必要时，借助风洞试验确定实际作用风荷载数值。

④ 案例：北京某半露天观演广场屋盖结构如图 2-6 所示。

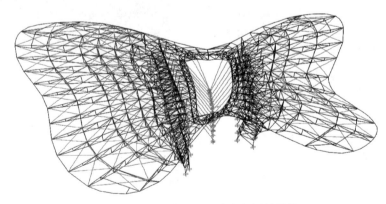

图 2-6　北京某半露天观演广场屋盖结构

该屋盖结构展开建筑面积约 8700m²，由 26 榀呈伞状排开的悬挑钢桁架支撑，屋面为蝴蝶状外形，最大悬挑长度约 50m，最大平面尺寸 119m×113m，屋面高度 20.0m。该屋盖结构采取以下措施保证风荷载取值安全性：

A. 该屋盖结构定义为风荷载敏感结构，按照 100 年一遇风压取值确定结构计算基本风压。

B. 采用风洞试验确定该项目实际选用风荷载取值。北京某半露天观演广场屋盖结构风洞试验模型如图 2-7 所示。

C. 进行结构承载力验算时，风吸力体形系数和风振系数按照偏于保守方案进行设计复核，切实保证极端天气下的风荷载作用结构安全。（注：例如风吸力体形系数按照 1.5～2.0 考虑，风振系数按照 1.5～2.0 考虑）

图 2-7 北京某半露天观演广场屋盖结构风洞试验模型

3）雪荷载及其选用标准依据项目的实际情况和规范要求对应落实。雪荷载的设计识别，应特别注意以下设计内容：

（1）当屋面形式相对复杂时，应特别注意屋面体形对于屋面积雪分布系数的影响，尤其是在阴角区域可能有积雪的影响，可能超过屋面活荷载成为控制工况。

（2）对于跨度较大、自重较轻、屋面活荷载较小的轻型屋盖结构，当雪荷载为控制工况或接近控制工况时，需重点强调冻融效应及其影响，尤其是对于南方地区的冻灾及其影响，雪荷载取值宜根据地方具体情况适当提高，有效保证冻融效应下的结构安全。

（3）案例：湖南株洲某文体活动中心轻型网架屋盖结构，网架结构的空间计算模型如图 2-8 所示。

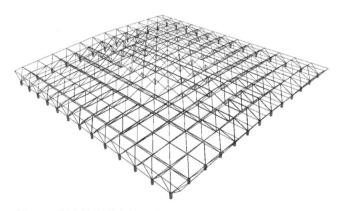

图 2-8 湖南株洲某文体活动中心轻型网架屋盖结构计算模型

该大跨度网架屋盖平面尺寸 50m×50m，网架高度 3m，为不上人屋面，依据施工图审查单位要求，按照湖南省地方标准的要求，该屋盖网架结构属于大跨度轻钢屋盖结构，雪荷载冻融效应按照不低于 $0.7kN/m^2$ 考虑。按照上述标准考虑后，雪荷载超过屋面活荷载，成为控制工况。

4）温度作用及其选用标准依据项目的实际情况和规范要求对应落实。温度作用的设计识别，应特别注意以下设计内容：

（1）对于使用阶段属于室内空调环境的超长建筑，温度作用需按照考虑空调房间实际情况确定升温、降温条件。

（2）室内空调环境的超长建筑温度荷载取值案例：南宁某商业综合体超长建筑，地上结构超长，最大轴网尺寸为 203m×104m。室内空调环境的超长建筑温度荷载取值方法如下所示：

① 确定后浇带的封带温度 T_0（取 $15\pm5℃$，即 $10\sim20℃$）。

② 确定正常使用阶段房屋的最高温 T_{max} 和最低温 T_{min}。考虑混凝土结构的"热惰性"，短时间内的温度变化不会对结构产生明显影响，温差主要由月平均温度控制（空调房间，正常使用温度为 $20\sim26℃$）。

③ 设计温差取值（考虑温度和收缩综合效应），地面以上结构，升温 $26-10=16(℃)$，降温 $20-20=0(℃)$，考虑等效收缩降温后，计算升温及降温。

④ 收缩效应当量温差。混凝土收缩比例随时间的变化曲线如图 2-9 所示。

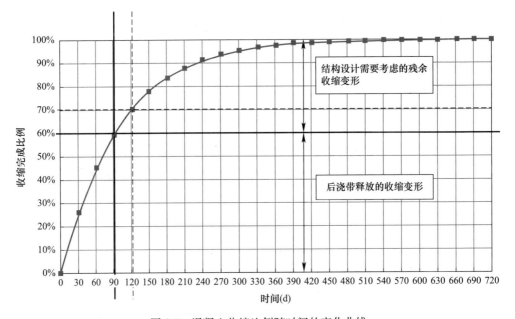

图 2-9　混凝土收缩比例随时间的变化曲线

依据图 2-9 的内容，120d 混凝土等效收缩降温计算表见表 2-1。

120d 混凝土等效收缩降温计算表　　　　　　　　　　　　　表 2-1

板厚（mm）	120	130	150	180
综合系数 M	0.858	0.824	0.790	0.722
最终收缩量 $\varepsilon_y(\infty)=M\varepsilon_y^0(\infty)$（$\times10^{-4}$）	2.78	2.67	2.56	2.34
120d 残余收缩量对应的收缩 $0.3\varepsilon_y(\infty)$（$\times10^{-5}$）	8.3	8.0	7.7	7.0
120d 残余收缩量对应的等效收缩降温（℃）	8.3	8.0	7.7	7.0

注：为方便计算，表中混凝土等效收缩降温可取 8℃。

表 2-1 中，综合系数 M 由水泥品种、水泥细度、骨料、水灰比、水泥浆量、初期养护时间、使用环境湿度、构件水力半径倒数、混凝土施工方式、模量及配筋比值等因素确定。考虑封带时间为 4 个月，计算得到的混凝土等效收缩降温可按照 8℃选取。

⑤ 取封带时间 4 个月，得到如表 2-2 所示的计算温差表。

计算温差表（℃） 表 2-2

结构部位	升温	降温	收缩效应当量温差	计算升温	计算降温
D 区地上结构	16	0	−8	16−8＝8	0−8＝−8

注：计算温度应力时，尚应考虑混凝土收缩徐变效应折减系数 0.3。

（3）对于室外结构，应按照规范取值要求确定温度作用及计算温差，必要时，尚需考虑辐射温差的影响。

第3章 关键设计参数合理化控制措施

结构设计参数种类众多，其中大部分是依据项目自身条件或相关规范规定确定的，这部分内容不作为本节的研究内容。与此相对应，有部分结构设计参数需要由结构设计师依据项目实际情况和结构设计需求决定，其中又以周期折减系数、连梁刚度折减系数、中梁刚度放大系数、结构阻尼比、梁柱钢域计算假定、结构安全等级与结构重要性系数等数个设计参数对结构设计的经济合理性影响较大，且上述参数规范层面多数以范围值界定或者以"宜"等可供选择性描述作为设计要求。上述参数在多数情况下作为结构设计全局性影响参数，参数选取及其影响将会贯穿整个设计流程，影响最终设计结果。合理分析上述主要结构设计参数的概念意义与影响效果，并据此确定经济合理的参数取值，将会直接影响结构设计的经济合理性水平。

结构主要设计参数的研究方法是针对计算中不同模型的各种有利、不利或客观条件差异等因素进行的计算假定调整，使其更符合设计研究对象真实的承载状况。在实际工程中，结构设计师需根据建筑使用功能、结构特征等选取合适的计算参数。结构设计师对于合理计算参数的判断反过来会对结构设计的各种因素的作用效果产生影响，进而影响依据设计成果建设的真实结构在实际荷载作用下的承载状态。因此，在结构设计中，选取合理的结构设计参数成为结构设计中的重要环节，不同设计师对不同参数的选取，对结构设计结果有明显的影响。基于以上判断，本章将针对若干不同参数，选取合理参数范围内的取值，对结构的经济性进行比较，同时，对典型结构给出设计决策的有效参考。

结构的主要设计参数在结构设计的多层次、多阶段、多角度特点中均有体现。不同的参数对结构设计有不同程度的影响，但基本都有一个共同特征，即结构设计参数对于结构设计成果的影响基本都是全流程、全方位的。故准确、合理地设定主要结构设计参数，对于有效保证结构设计的经济合理化水平具有重要意义。

在结构设计过程中，设计参数的确定基本是基于以下几点要求执行的：

1) 结构设计相关规范的基本要求。参数的选取需要依据规范的基本规定予以限定，必须满足规范的硬性要求。

2) 项目外部条件限制。即建筑方案、自然荷载条件、地质条件、建筑材料属性等，需要依据实际条件限值对应选定。

3) 结构概念设计的基本要求。即依据项目实际情况，由结构设计师依据规范基本规定的范围限定，结合项目实际结构条件，综合确定选用合理的结构设计参数。

基于上述3点，大部分结构设计参数依据项目情况均可以直接确定，仅有部分结构参数的确定具备一定的设计自由度，或者可以理解为可以由结构设计师依据实际情况合理比选确定。本章主要针对后一种情况，选择几种典型的结构设计参数，并对其影响效果进行讨论，研究其在结构经济合理化设计要求中的取值方法。

3.1 主要结构设计参数识别

如前面内容所述，由结构设计师进行取值决策，并对结构设计的经济合理化水平有较大影响的结构设计参数包括：周期折减系数、连梁刚度折减系数、结构安全等级和结构重要性系数、中梁刚度放大系数、梁柱刚域假定、结构阻尼比等。

1）下述 3 个计算参数直接依据规范要求选用即可：

（1）中梁刚度放大系数应注意依据规范的要求设定，可以真实模拟并有效提升主体结构的计算抗侧刚度。合理选用中梁刚度放大系数，有利于结构验算满足规范相关位移控制指标。

（2）梁柱刚域假定。可以有效模拟结构计算中实际梁柱节点位置的刚域效应，真实体现并有效降低框架结构构件的计算长度，合理控制框架构件的结构材料用量，有效提升结构设计的经济合理化水平。

（3）结构阻尼比。该设计参数的设计取值选定需要注意以下几点：

① 钢结构、混凝土结构、混合结构等，应该依据自身的结构类型确定结构阻尼比，常规混凝土结构阻尼比为 0.05，混合结构阻尼比为 0.04，钢结构阻尼比依据建筑高度取 0.02～0.04。

② 需要特别注意在混凝土结构中的钢结构部分（例如局部钢结构屋面等）和型钢混凝土构件部分，需要按照对应的体系阻尼比设定该值。

③ 在进行罕遇地震拟弹性分析（例如性能化设计的大震不屈服验算等），可以适当考虑结构塑性发展的结构阻尼比提升效应（例如在混凝土结构的罕遇地震拟弹性分析和弹塑性时程分析中，结构阻尼比可以提升为 0.07）。可以真实体现并有效提升在罕遇地震下主体结构的耗能性能，合理降低主体结构在罕遇地震作用下的计算荷载响应。

2）上述 3 个设计参数，虽然需要结构设计师选择应用，但是规范已经明确提出了应用要求，作者不作进一步的讨论，本章主要针对以下 3 个结构设计参数研究分析：

（1）周期折减系数。由于计算模型的简化和非结构因素的作用（重点是砌筑隔墙等二次结构的影响），结构在弹性阶段的计算自振周期比真实自振周期长。在实际工程中，针对不同结构在不同条件下，结构的计算周期值都应根据具体情况采用自振周期折减系数加以调整，经修正后的计算周期即为设计采用的实际周期，设计周期＝计算周期×折减系数。适宜的周期折减系数可以真实体现结构的动力学特性，并有效提升结构设计的经济合理化水平。因此，周期折减系数的设计取值是结构设计所需要解决的重要问题。

（2）连梁刚度折减系数。依据规范要求，在内力与位移计算中，抗震设计的框架—剪力墙或剪力墙结构中的连梁刚度可以折减，折减系数不宜小于 0.5。在保证竖向荷载承载力和正常使用极限状态性能的条件下，连梁刚度可以折减，即允许大震下连梁开裂，连梁的损坏可以保护剪力墙，有利于提高结构的延性和实现多道抗震设防，同时结构设计中，连梁的刚度是随着结构的破坏处于一个不断折减的状态，因此只有合理的连梁刚度折减才能体现结构设计相应的设计状态。

3）结构安全等级和结构重要性系数的确定。按照现行国家标准规定，建筑结构设计时，应根据结构破坏可能产生后果的严重性，采用不同的安全等级。建筑结构安全等级划分为三个等级（一级：重要的建筑物；二级：大量的一般建筑物；三级：次要的建筑物）。至于重要建筑物与次要建筑物的划分，则应根据建筑结构的破坏后果，即危及人的生命、造成经济损失、产生社会影响等的严重程度确定。在近似概率理论的极限状态设计方法中，用结构重要性系数 γ_0 体现结构的安全等级。实际工程中需要结合结构的抗震设防分类，确定结构的安全等级及对应的结构重要性系数，本章主要针对乙类建筑的安全等级选用进行相关研究分析。

3.2　周期折减系数的确定

周期折减系数的取值主要考虑建筑砌筑隔墙等二次结构的影响。由于二次砌筑隔墙的实质性刚度贡献，主体结构自振周期显著降低，影响主体结构的地震响应。因而规范设定该系数，以近似模拟真实情况。

1）依据结构体系的差异，规范对于各类体系的周期折减系数有相对明确的范围建议值：框架结构可取 0.6～0.7；框架—剪力墙结构可取 0.7～0.8；框架—核心筒结构可取 0.8～0.9；剪力墙结构可取 0.8～1.0。

针对上述取值范围，在常规设计条件下，设计人员主要针对主体结构实际的隔墙数量、隔墙材质而综合判断周期折减系数取值。为相对清晰地展示规范限定范围内周期折减系数取值对于结构材料用量的实质性影响，本节针对框架结构体系和框架—核心筒结构体系这两种典型结构体系，对上述问题展开研究。案例均选用实际工程计算模型进行比选分析，除周期折减系数外，其余条件均一致，以此保证独立考察周期折减系数的单变量影响效果。

2）案例 1，项目位于青海省海东市，是框架结构体系，结构高度为 22.1m（多层建筑），抗震设防烈度为 7 度（0.1g）。青海海东项目结构各楼层典型标准层平面示意图如图3-1 所示。选用 3 个计算模型，对应不同的周期折减系数，取值见表 3-1。

依据表 3-1 设定的周期折减系数，各模型方案计算统计得到的结构材料用量统计（周期折减系数）如表 3-2～表 3-4 所示。

将表 3-2～表 3-4 的计算结果汇总，得到各计算模型结构材料用量统计比较（周期折减系数）如表 3-5 所示。

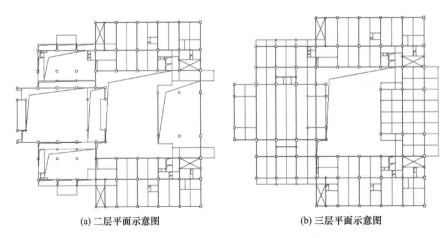

(a) 二层平面示意图　　　　　　　　　(b) 三层平面示意图

图 3-1　青海海东项目结构各楼层典型标准层平面示意图（一）

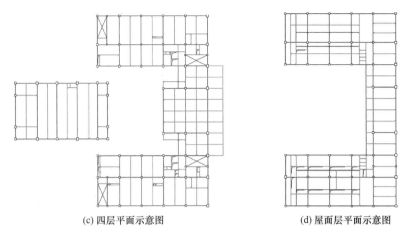

(c) 四层平面示意图　　　　　　　　　(d) 屋面层平面示意图

图 3-1　青海海东项目结构各楼层典型标准层平面示意图（二）

青海海东项目概况与周期折减系数　　　　　　　　　　表 3-1

模型编号	结构体系	结构高度（m）	抗震设防烈度	周期折减系数
模型 1				0.60
模型 2	框架	22.1	7 度（0.10g）	0.65
模型 3				0.70

青海海东项目模型 1 结构材料用量统计（周期折减系数）　　　　表 3-2

模型 1	梁	柱	板	合计
钢筋（kg/m²）	16.18	7.50	4.12	27.80
混凝土（m³/m²）	0.14	0.08	0.12	0.34

青海海东项目模型 2 结构材料用量统计（周期折减系数）　　　　表 3-3

模型 2	梁	柱	板	合计
钢筋（kg/m²）	16.12	7.50	4.12	27.74
混凝土（m³/m²）	0.14	0.08	0.12	0.34

青海海东项目模型 3 结构材料用量统计（周期折减系数）　　　　表 3-4

模型 3	梁	柱	板	合计
钢筋（kg/m²）	16.07	7.50	4.12	27.69
混凝土（m³/m²）	0.14	0.08	0.12	0.34

青海海东项目各计算模型结构材料用量比较（周期折减系数）　　　　表 3-5

模型编号	钢筋用量（kg/m²）	钢筋用量比值	混凝土用量（m³/m²）	混凝土用量比值
模型 1	27.80	100%	0.35	100%
模型 2	27.74	约 99.8%	0.35	100%
模型 3	27.69	约 99.6%	0.35	100%

3）案例 2，项目位于内蒙古呼和浩特市，为典型的框架—核心筒结构体系，结构高度为 161.6m，设防烈度为 8 度（0.2g）。内蒙古呼和浩特项目概况与周期折减系数见表 3-6。内蒙古呼和浩特项目典型标准层平面图如图 3-2 所示。

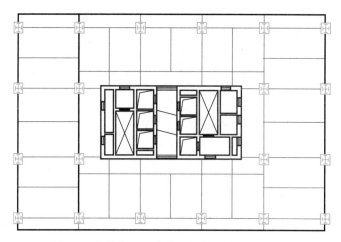

图 3-2　内蒙古呼和浩特项目典型标准层平面图

内蒙古呼和浩特项目概况与周期折减系数　　　　　表 3-6

模型编号	结构体系	结构高度（m）	抗震设防烈度	周期折减系数
模型 1	框架—核心筒	161.6	8 度（0.2g）	0.80
模型 2				0.85
模型 3				0.90

依据表 3-6 设定的周期折减系数，各模型方案计算统计得到的结构材料用量统计如表 3-7～表 3-9 所示。

内蒙古呼和浩特项目模型 1 结构材料用量统计（周期折减系数）　　　表 3-7

模型 1	梁	柱	板	墙	合计
钢筋（kg/m²）	30.62	22.78	9.38	24.6	87.38
混凝土（m³/m²）	0.17	0.13	0.08	0.20	0.58

内蒙古呼和浩特项目模型 2 结构材料用量统计（周期折减系数）　　　表 3-8

模型 2	梁	柱	板	墙	合计
钢筋（kg/m²）	30.30	22.78	9.38	24.4	86.86
混凝土（m³/m²）	0.17	0.13	0.08	0.20	0.58

内蒙古呼和浩特项目模型 3 结构材料用量统计（周期折减系数）　　　表 3-9

模型 3	梁	柱	板	墙	合计
钢筋（kg/m²）	30.16	22.78	9.38	24.2	86.52
混凝土（m³/m²）	0.17	0.13	0.08	0.20	0.58

将表 3-7～表 3-9 的计算结果汇总，得到各计算模型结构材料用量统计比较（周期折减系数）如表 3-10 所示。

4）比较模型计算结果分析，得到以下结论：

（1）对于框架结构体系，随着周期折减系数在规范建议值范围内减小，结构的地震响应轻微提升，主体结构用钢量轻微提升。

（2）对于框架—核心筒结构体系，随着周期折减系数在规范建议值范围内减小，结构的地震响应轻微提升，主体结构用钢量轻微提升。

内蒙古呼和浩特项目各计算模型结构材料用量比较（周期折减系数） 表 3-10

模型编号	钢筋用量（kg/m²）	钢筋用量比值	混凝土用量（m³/m²）	混凝土用量比值
模型 1	87.38	100%	0.58	100%
模型 2	86.86	约 99.4%	0.58	100%
模型 3	86.52	约 99%	0.58	100%

（3）随着周期折减系数调整，框架结构体系的用钢量变化主要体现在框架梁用钢量变化，表现为随着周期折减系数减小，用钢量轻微提升。楼板作为非抗震构件用钢量受影响，框架柱用钢量亦未出现明显变化，可认为框架柱钢筋用量对结构周期折减系数的调整不敏感。

（4）随着周期折减系数调整，框架—核心筒结构体系的用钢量变化主要体现在框架梁和剪力墙用钢量变化，均表现为随着周期折减系数减小，用钢量轻微提升。楼板作为非抗震构件用钢量受影响，框架柱用钢量亦未出现明显变化，可认为框架柱钢筋用量对结构周期折减系数的调整不敏感。

（5）随着周期折减系数调整，框架结构体系和框架—核心筒结构体系的混凝土材料用量均未出现明显变化，可认为混凝土用量对结构周期折减系数的调整不敏感。

（6）在两组案例中，各比较计算模型的结果材料用量统计虽然出现了一定变化数值，且变化趋势与基本结构概念判断方向一致（随着周期折减系数减小，主体结构自振周期显著降低，导致结构地震响应有所增加，引起结构材料用量提升），但实际变化幅度有限，基本均在 2% 以内。

5）依据上述分析结果，综合比较，得到以下结论：

（1）周期折减系数需要依据结构体系的规范建议取值范围、建筑隔墙等二次结构的布置数量、建筑隔墙等二次结构的材质属性选取。

（2）通过减少建筑隔墙布置或者选用轻型隔墙做法（例如轻钢龙骨石膏板隔墙或条板隔墙），可以减小二次隔墙对主体结构周期的影响，周期折减系数可以在规范允许值范围内取大值，可以适当降低结构材料用量（主要是钢筋用量）。

（3）周期折减系数在有限范围内调整，虽然对主体结构的动力学特性和相关计算指标（例如剪重比、层间位移角）等影响相对明显，但是，对于主体结构的实际材料用量影响有限，统计值显示并不敏感。因此，建议优先依据建筑专业需求和其他结构计算指标确定隔墙布置和隔墙材质选用方案。

3.3 连梁刚度折减系数的确定

依据相关结构规范规定，在内力与位移计算中，抗震设计的框架—剪力墙结构体系或剪力墙结构体系中的连梁刚度可以折减，折减系数不宜小于 0.5。在保证竖向荷载承载力和正常使用极限状态性能的条件下，连梁刚度可以折减，即允许大震下连梁开裂，进入塑性发展状态，成为耗能构件。连梁的部分塑性发展可以吸收大量地震能量，有效地保护剪力墙墙肢和其他结构构件，有利于提高结构的延性，是实现"大震不倒"的重要手段。

对于连梁刚度折减系数的取值问题，实际是对于剪力墙墙肢与连梁之间的荷载分配及设计安全侧重的问题。连梁刚度折减系数取值越大，连梁分配的地震作用越大，相对设计难度越大，而剪力墙墙肢部分的荷载分配和设计冗余度对应偏低；连梁刚度折减系数取值越小，连梁分配的地震作用越小，相对设计难度越小，而剪力墙墙肢部分的荷载分配和设计冗余度对应有提升。当然，规范限定了连梁刚度的最低限值，即不宜小于0.5，以免在小震或风荷载作用下出现连梁的过早破坏，影响结构正常使用。

本节将通过对1个框架—核心筒结构体系案例和1个剪力墙结构体系案例进行结构计算分析，设定不同的连梁刚度折减系数，研究其对于结构材料用量的影响，进而探讨实际工程中合理的连梁刚度折减系数参数取值。案例内容均选用实际工程计算模型进行比选分析，除连梁刚度折减系数外，其余条件均保持一致，以此保证独立考察周期折减系数的单变量影响效果。

1）案例1，选用本书3.2节中的案例2作为本次讨论的案例。对它选用3个模型，对应不同的连梁刚度折减系数取值见表3-11。

内蒙古呼和浩特项目概况与连梁刚度折减系数　　　　　　表3-11

模型编号	结构体系	结构高度（m）	抗震设防烈度	连梁刚度折减系数
模型1	框架—核心筒	161.6	8度（0.2g）	0.50
模型2				0.70
模型3				1.00

依据表3-11的系数，内蒙古呼和浩特项目3个模型的结构材料用量统计（连梁刚度折减系数）如表3-12～表3-14所示。

内蒙古呼和浩特项目模型1结构材料用量统计（连梁刚度折减系数）　　表3-12

模型1	梁	柱	板	墙	合计
钢筋（kg/m²）	30.51	22.88	9.38	28.00	90.77
混凝土（m³/m²）	0.17	0.13	0.08	0.20	0.58

内蒙古呼和浩特项目模型2结构材料用量统计（连梁刚度折减系数）　　表3-13

模型2	梁	柱	板	墙	合计
钢筋（kg/m²）	30.30	22.88	9.38	28.10	90.66
混凝土（m³/m²）	0.17	0.13	0.08	0.20	0.58

内蒙古呼和浩特项目模型3结构材料用量统计（连梁刚度折减系数）　　表3-14

模型3	梁	柱	板	墙	合计
钢筋（kg/m²）	29.98	22.88	9.38	28.21	90.45
混凝土（m³/m²）	0.17	0.13	0.08	0.20	0.58

将表3-12～表3-14的计算结果汇总，得到内蒙古呼和浩特项目3个模型的结构材料用量比较（连梁刚度折减系数）如表3-15所示。

2）案例2，项目位于河南省郑州市，结构高度为101.5m，抗震设防烈度为7度（0.1g），建筑使用功能为住宅，选用典型的剪力墙结构体系。河南郑州项目典型标准层平面示意图如图3-3所示，河南郑州项目空间计算模型如图3-4所示。河南郑州项目概况及连梁刚度折减系数见表3-16。

内蒙古呼和浩特项目 3 个模型的结构材料用量比较（连梁刚度折减系数） 表 3-15

模型编号	钢筋用量（kg/m²）	钢筋用量比值	混凝土用量（m³/m²）	混凝土用量比值
模型 1	90.77	100%	0.58	100%
模型 2	90.66	约 99.9%	0.58	100%
模型 3	90.45	约 99.6%	0.58	100%

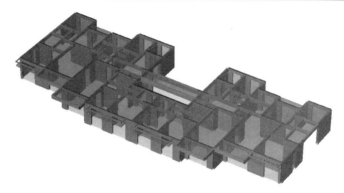

图 3-3　河南郑州项目典型标准层平面示意图

依据表 3-16 设定的连梁刚度折减系数，郑州项目各个模型结构材料用量统计（连梁刚度折减系数）如表 3-17～表 3-19 所示。

将表 3-17～表 3-19 的计算结果汇总，得到郑州项目各模型钢筋和混凝土用量比较（连梁刚度折减系数）如表 3-20 所示。

3）比较模型计算结果分析，依据案例 1 和案例 2 的计算结果，分析得到以下结果：

（1）对于框架—核心筒结构体系而言，随着连梁刚度折减系数在规范建议值范围内增加，主体结构抗侧力体系的工作效率略有提升，主体结构用钢量轻微减少。

（2）对于剪力墙结构体系而言，随着连梁刚度折减系数在规范建议值范围内增加，主体结构抗侧力体系的工作效率略有降低，主体结构用钢量轻微增加。

（3）随着连梁刚度折减系数调整，框架—核心筒结构体系的用钢量变化主要体现在框架梁和剪力墙用钢量的变化（表现为框架梁用钢量降低，剪力墙用钢量略微增加）。综合后，依然表现为随着连梁刚度折减系数增加，用钢量轻微减少。楼板作为非抗震构件的用钢量会受影响。框架柱用钢量亦未出现明显变化，可认为框架柱钢筋用量对连梁刚度折减系数的调整不敏感。

（4）随着连梁刚度折减系数调整，剪力墙结构体

图 3-4　河南郑州项目空间计算模型

系的用钢量变化主要体现在框架梁和剪力墙用钢量变化（表现为框架梁和剪力墙用钢量均有略微提升），综合后，依然表现为随着连梁刚度折减系数增加，钢筋用量轻微增加。楼板作为非抗震构件的钢筋用量会受影响。

河南郑州项目概况与连梁刚度折减系数　　　　　　表 3-16

模型编号	结构体系	结构高度（m）	抗震设防烈度	连梁刚度折减系数
模型 1	剪力墙	101.5	7 度（0.1g）	0.50
模型 2				0.70
模型 3				1.00

河南郑州项目模型 1 结构材料用量统计（连梁刚度折减系数）　　　　　　表 3-17

模型 1	梁	板	墙	合计
钢筋（kg/m²）	9.43	7.02	23.50	39.95
混凝土（m³/m²）	0.03	0.09	0.21	0.33

河南郑州项目模型 2 结构材料用量统计（连梁刚度折减系数）　　　　　　表 3-18

模型 2	梁	板	墙	合计
钢筋（kg/m²）	9.40	7.02	23.60	40.02
混凝土（m³/m²）	0.03	0.09	0.21	0.33

河南郑州项目模型 3 结构材料用量统计（连梁刚度折减系数）　　　　　　表 3-19

模型 3	梁	板	墙	合计
钢筋（kg/m²）	9.45	7.02	23.60	40.07
混凝土（m³/m²）	0.03	0.09	0.21	0.33

河南郑州项目各个计算模型结构材料用量比较（连梁刚度折减系数）　　　　　　表 3-20

模型编号	钢筋用量（kg/m²）	钢筋用量比值	混凝土用量（m³/m²）	混凝土用量比值
模型 1	39.95	100%	0.33	100%
模型 2	40.02	约100.2%	0.33	100%
模型 3	40.07	约100.3%	0.33	100%

（5）随着连梁刚度折减系数调整，框架—核心筒结构体系和剪力墙结构体系的混凝土材料用量均未出现明显变化，可认为混凝土用量对连梁刚度折减系数的调整不敏感。

（6）在两组案例中，分别比较计算模型的材料用量，虽然出现了一定的数值变化，且变化趋势与基本结构概念判断方向一致，但实际变化幅度有限，基本在1%以内。

4）依据上述分析结果，综合比较，得到以下结论：

（1）连梁刚度折减系数主要决定地震作用在剪力墙墙肢和连梁之间的分配比例，取值偏低时，墙肢设计偏于安全，连梁在罕遇地震下塑性发展较为明显；取值偏高时，连梁承担的地震作用相对偏高，剪力墙墙肢设计冗余度偏低，主体结构的计算抗侧刚度相对较高。

（2）连梁刚度折减系数为 1 时，通常仅适用于小震位移计算。概念判定在小震状态下，主体结构通常处于弹性状态，连梁尚未进入塑性发展状态，故可不进行刚度折减，主体结构的位移计算不考虑连梁刚度折减，基本与实际情况相符。

（3）连梁刚度折减系数在 0.5～0.7 取值时，它主要影响主体结构的计算抗侧刚度和抗侧力体系的工作效率。通过提高连梁刚度折减系数，可以在一定程度提升或降低主体结构抗侧力体系的工作效率，可以轻微降低或提升结构材料用量（主要是结构钢筋材料用量）。

（4）连梁刚度折减系数在 0.5～0.7 取值，它主要影响主体结构的计算抗侧刚度和抗侧力体系工作效率。通过降低连梁刚度折减系数，有效地提升剪力墙墙肢的设计冗余。故当结构计算连梁超筋等现象较为明显时，应该优先保证剪力墙墙肢的结构安全，可适当降低连梁刚度折减系数，提升墙肢承载力设计冗余。

（5）连梁刚度折减系数在有限范围内调整，虽然对主体结构的动力学特性和相关计算指标等影响相对明显，但是对于主体结构的实际材料用量影响有限，统计值显示并不敏感。建议优先依据结构概念设计要求和其他结构计算指标确定连梁刚度折减系数取值。

3.4 结构安全等级和结构重要性系数的确定

1）依据结构设计规范相关规定，结构重要性系数应按下列规定采用：

（1）对安全等级为一级或设计使用年限为 100 年及以上的结构构件，不应小于 1.1。

（2）对安全等级为二级或设计使用年限为 50 年的结构构件，不应小于 1.0。

（3）对安全等级为三级或设计使用年限为 5 年的结构构件，不应小于 0.9。

注：对设计使用年限为 25 年的结构构件，各类材料结构设计规范可根据各自情况确定结构重要性系数的取值。

上述规定中，结构重要性系数主要依据结构安全等级或设计使用年限确定，考虑上述标准基本依据项目需求已经确定，不作为本节的具体讨论内容。

本节主要针对重点设防类建筑（即乙类建筑）是否考虑结构安全等级为一级及结构重要性系数为 1.1 展开研究。由于规范在上述问题上给出的相关规定为：重点设防类建筑，结构安全等级"宜"确定为一级，结构重要性系数取值 1.1，因而实际工程应用中，对于上述标准的选用与否存在较大差异，与项目实际情况、业主意见和施工图审查单位意见均有较大相关性。

故本节选取两个典型案例，为有效考察抗震工况包络工况影响，分别选择 1 个低烈度区案例和 1 个高烈度区案例，分类展开研究。案例内容均为选用实际工程计算模型进行比选分析，除结构重要性系数外，其余条件均维持一致，以此保证独立考察结构重要性系数的单变量影响效果。

2）案例 1，项目位于北京市大兴区，为商业综合体，选用框架—剪力墙结构体系，结构高度为 29.7m，是高层建筑，抗震设防烈度为 8 度（0.2g），北京市大兴区项目空间计算模型如图 3-5 所示。项目概况与结构重要性系数如表 3-21 所示。

依据表 3-21 的系数，两个模型结构材料用量统计（结构重要性系数）如表 3-22 和表 3-23 所示。

将表 3-22、表 3-23 的计算结果汇总，得到各模型结构材料用量统计比较（结构重要性系数）如表 3-24 所示。

3）案例 2，项目位于吉林省长白山。项目为钢筋混凝土框架结构体系，结构高度为 20.8m，为多层建筑，抗震设防烈度为 6 度（0.05g），吉林省长白山项目三维空间模型如图 3-6 所示。项目概况与结构重要性系数如表 3-25 所示。

依据表 3-25 设定的结构重要性系数，各模型方案计算统计得到的结构材料用量统计

（结构重要性系数）如表 3-26、表 3-27 所示。

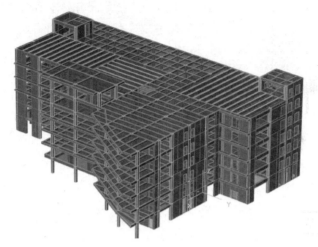

图 3-5　北京市大兴区项目空间计算模型

北京市大兴区项目概况与结构重要性系数　　　　　表 3-21

模型编号	结构体系	结构高度（m）	抗震设防烈度	结构重要性系数
模型 1	框架—	29.7	8 度（0.2g）	1.0
模型 2	剪力墙			1.1

北京市大兴区项目模型 1 结构材料用量统计（结构重要性系数）　　　　　表 3-22

模型 1	梁	柱	板	墙	合计
钢筋（kg/m^2）	17.73	2.46	7.94	12.41	40.54
混凝土（m^3/m^2）	0.09	0.04	0.09	0.07	0.29

北京市大兴区项目模型 2 结构材料用量统计（结构重要性系数）　　　　　表 3-23

模型 2	梁	柱	板	墙	合计
钢筋（kg/m^2）	18.16	2.46	8.14	12.49	41.25
混凝土（m^3/m^2）	0.09	0.04	0.09	0.07	0.29

北京市大兴区项目各模型结构材料用量比较（结构重要性系数）　　　　　表 3-24

模型编号	钢筋用量（kg/m^2）	钢筋用量比值	混凝土用量（m^3/m^2）	混凝土用量比值
模型 1	40.54	100%	0.29	100%
模型 2	41.25	约 102%	0.29	100%

　　将表 3-26、表 3-27 的计算结果汇总，得到各计算模型的结构材料用量统计比较（结构重要性系数）如表 3-28 所示。

　　4）比较模型计算结果分析，依据案例 1 和案例 2 的计算结果，分析得到以下结果：

　　（1）对于低烈度区域建筑，由于非抗震工况主要起控制作用，随着结构重要性系数提升至 1.1，结构整体承载力有效提升，主体结构用钢量适度增加，增加幅度已经达到 6%。

　　（2）对于高烈度区域建筑，由于抗震工况主要起控制作用，随着结构重要性系数提升至 1.1，结构整体承载力未见明显提升，主体结构用钢量略微增加，增加幅度仅为 2%。

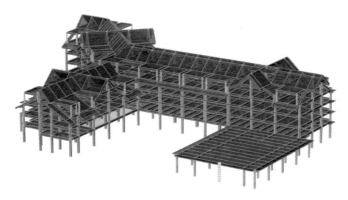

图 3-6　吉林长白山项目三维空间模型

吉林长白山项目概况与结构重要性系数　　　　表 3-25

模型编号	结构体系	结构高度（m）	抗震设防烈度	结构重要性系数
模型 1	框架结构	20.8	6 度（0.05g）	1.0
模型 2				1.1

吉林长白山项目模型 1 结构材料用量统计（结构重要性系数）　　　　表 3-26

模型 1	梁	柱	板	合计
钢筋（kg/m²）	17.98	5.55	6.28	29.81
混凝土（m³/m²）	0.09	0.10	0.02	0.21

吉林长白山项目模型 2 结构材料用量统计（结构重要性系数）　　　　表 3-27

模型 2	梁	柱	板	合计
钢筋（kg/m²）	19.32	5.71	6.59	31.62
混凝土（m³/m²）	0.09	0.10	0.02	0.21

吉林长白山项目各个计算模型结构材料用量比较（结构重要性系数）　　　　表 3-28

模型编号	钢筋用量（kg/m²）	钢筋用量比值	混凝土用量（m³/m²）	混凝土用量比值
模型 1	29.81	100%	0.218	100%
模型 2	31.62	约 106%	0.218	100%

（3）随着结构重要性系数提升至 1.1，由于非抗震工况主要起控制作用，低烈度地区结构的用钢量变化均在梁、板、柱、墙等各类结构构件中有体现，各类构件用钢量均略微提升。

（4）随着结构重要性系数提升至 1.1，由于抗震工况主要起控制作用，高烈度地区结构的用钢量变化主要在梁、墙等抗侧力贡献较高的结构构件中有体现，上述构件用钢量均略微提升。

（5）随着结构重要性系数提升至 1.1，低烈度地区案例和高烈度地区案例的混凝土材料用量均未出现明显变化，可认为混凝土用量对结构重要性系数的调整不敏感。

（6）在两组案例中，各个比较计算模型的结果材料用量统计虽然出现了一定变化，且变化趋势与基本结构概念判断方向一致。低烈度地区案例变化幅度较大，需要慎重选用；高烈度地区案例变化幅度有限，可不作为优先考虑因素。

5）依据上述分析结果，综合比较，得到以下结论：

（1）对于结构重要性系数的选用，在低烈度地区，非抗震工况起控制作用，结构材料用量影响较大；在高烈度地区，抗震工况起控制作用，结构材料用量影响较小。

（2）在低烈度地区，对于重点设防类建筑，如选用结构安全等级一级，结构重要性系数1.1，由于非抗震工况起控制作用，将会引起较为明显的结构材料用量提升，需要慎重选用。

（3）在高烈度地区，对于重点设防类建筑，如选用结构安全等级一级，结构重要性系数1.1，由于抗震工况起控制作用，仅会引起有限程度的结构材料用量提升，可不作为优先考虑因素。

第4章 荷载条件确认与工程应用

建筑结构的荷载分为永久荷载和可变荷载，结构的自重与建筑荷载将直接影响结构的动力特性与地震作用的大小，荷载的变化将直接反映在项目的成本上。建筑的雪荷载、风荷载、楼面及屋面活荷载等需依据规范要求取值，但建筑面层材料、建筑隔墙材料、屋顶花园的覆土重度等荷载条件，可依据建筑使用要求等条件进行综合选取。项目初期对建筑使用材料的选取将直接影响项目的成本控制，建筑使用轻质材料、轻质隔墙可有效地减轻结构荷载重量，从而减小由于质量增加而引起的地震作用的增加。本章将分别对建筑面层、隔墙材料、覆土重度等荷载条件进行系统分析，选取计算算例均来自实际工程项目，得出结论对工程设计有指导意义。本章将从结构专业工程造价控制方面进行分析，在实际工程中应综合考虑建筑使用功能要求以及不同项目的侧重点等，选取工程使用材料。

4.1 主要结构荷载控制方案识别

现阶段结构荷载控制主要从建筑隔墙、建筑面层、绿化种植土、特殊降板区域面层厚度、设备荷载、活荷载的控制几方面入手。

（1）在一些隔墙较多的建筑中，例如酒店、公寓建筑中隔墙的重量占结构总重量的很大部分。普通砌块隔墙作为最早使用的隔墙种类，在施工工艺上较为繁琐，墙体较重，对项目工期控制、工程造价控制有着非常不利的影响。ALC板材是一种以石英砂、石灰、水泥和发气剂为原材料，经过高温、高压、蒸汽养护形成的蒸压加气混凝土板材，能够满足建筑隔墙防火隔声需求，此种隔墙材料既可有效地减小建筑总体重量，又可满足建筑需求。轻钢龙骨石膏板是一种以石膏板与轻钢龙骨相结合的板材，此种材料不可作为防火隔墙，亦难以满足卫生间防水需求，但该材料重量非常轻，在非上述特殊位置使用会大大减小隔墙的荷载。

（2）建筑面层厚度主要由建筑专业需求控制（住宅及酒店项目中的建筑要求级别、有无地暖等条件），面层厚度为50～150mm。在该类建筑中，面层厚度变化范围较大，因而，本章将分别计算50mm、80mm、100mm、130mm、150mm几种不同面层厚度的材料用量，分析面层厚度对工程造价控制的影响。

（3）由于建筑绿化率、美观的要求，通常在屋顶设置花园。屋顶花园的覆土厚度较大，屋顶种植土材质有普通种植土（重度18kN/m³）、草炭混合土（重度12.5kN/m³）、宝绿素（重度6.5kN/m³），本章将分析两个带有屋顶花园的实际项目，且项目分别采用上述三种种植土的材料用量以指导工程造价控制。

（4）在保障性用房项目中，一些房间有同层排水的区域，或在大型商业建筑中，一般布置大面积餐饮的区域，这两种区域中可存在200mm以上的降板区域，且降板区域面积较大。本章将结合某一同层排水保障性用房项目及某一大面积厨房降板区域的商业项目，在降板区域的回填材料使用细石混凝土和陶粒混凝土，分别进行分析计算，以得出降板区域选取不同回填材料对工程造价的影响。

（5）在设备用房中，通常会放置较大设备，会产生较大的通用荷载，此部分荷载若按照较大包络值进行设计，会造成不必要的浪费。本章将依据工程实例，分别按照包络设计荷载与实际设备运行荷载进行计算统计，以得出不同的设备荷载确定方法对工程造价的影响。

（6）活荷载取值为规范规定，结构设计中按照不小于规范要求取值，部分业主单位会提出高于规范要求的活荷载，本章将依托于某实际项目，商业活荷载分别按照规范要求 $3.5kN/m^2$，业主要求 $4kN/m^2$，及 $5kN/m^2$ 分别进行计算，以得出活荷载变化对工程造价的影响。

4.2　建筑隔墙材质选用判别

为有效地评估采用不同建筑隔墙材质引起的造价增幅，为建筑、结构方案比选提供相对全面（兼顾技术及经济两个层面）的数据条件，本节选用某产业园建筑，对其经济性比选方案进行系统分析。

下面分析由于某产业园建筑隔墙材质的不同对工程造价的影响。该项目位于青岛市，建筑功能为酒店、公寓，地上总建筑面积约 3.92 万 m^2，酒店类建筑需设置较多隔墙，对荷载影响较大。某产业园建筑标准层建筑平面示意图如图 4-1 所示。该项目抗震设防有关参数如下：抗震设防烈度，7 度；基本地震加速度，$0.1g$；设计地震分组，第二组；建筑场地类别，Ⅱ类；场地土特征周期，$T_g=0.40s$。

隔墙材质分别选择普通砌块、ALC 条板和轻钢龙骨石膏板，三种隔墙材质荷载取值如下：

普通砌块隔墙荷载取值：

200 厚隔墙：$0.20×10=2.00$（kN/m^2）

双面抹灰：$0.04×20=0.80$（kN/m^2）

合计：$2.80kN/m^2$（展开面积）。

ALC 条板隔墙荷载取值：

200 厚隔墙：$0.20×5.5=1.1$（kN/m^2）。

轻钢龙骨石膏板隔墙荷载取值：

轻钢龙骨石膏板隔墙：$0.54kN/m^2$。

某产业园建筑结构计算模型如图 4-2 所示，某产业园建筑标准层结构平面布置图如图 4-3 所示。

计算统计得到的某产业园建筑材料用量比较表如表 4-1 所示。

统计计算结果分析可以得出以下结论：

1）分析模型采用同一模型，设计条件统一，仅从隔墙重量方面的影响进行分析，可以独立地展示建筑采用不同隔墙材质对结构总体经济性指标的影响。

2）结构总体钢筋用量与建筑隔墙的单位面积重量相关，即材料重度越小，钢筋用量越少。ALC 条板隔墙钢筋用量比普通砌块隔墙钢筋用量减少约 2%，轻钢龙骨石膏板钢筋

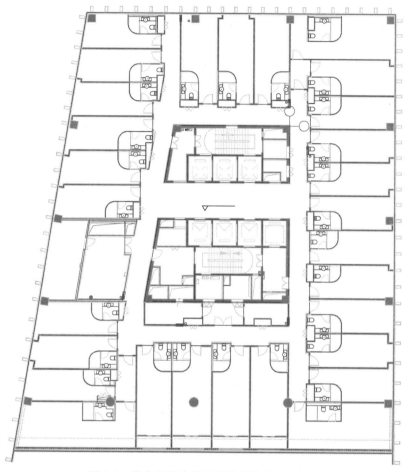

图 4-1　某产业园建筑标准层建筑平面示意图

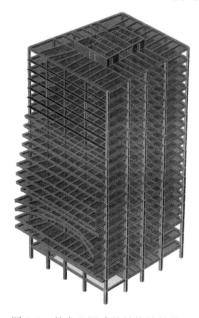

图 4-2　某产业园建筑结构计算模型

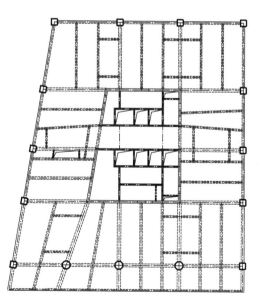

图 4-3　某产业园建筑标准层结构平面布置图

表4-1

隔墙材质	钢筋用量 （kg/m²）	钢筋用量比值	混凝土用量 （m³/m²）	混凝土用量比值	隔墙重度 （kN/m²）
普通砌块	53.40	100%	0.37	100%	2.80
ALC 条板	52.41	约98%	0.37	100%	1.1
轻钢龙骨	51.12	约96%	0.37	100%	0.54

用量比普通砌块隔墙钢筋用量减少约 4%。

因此，在实际工程中应综合考虑项目当地的材料供应条件，降低隔墙材质的重度，使结构设计达到经济适用、安全合理的要求。

4.3 建筑面层厚度及填充材料的选用判别

本节将针对不同建筑的面层厚度及面层填充材料进行分析，重点考察建筑面层对于工程造价的影响。对建筑面层厚度的影响，选用某普通住宅进行分析，分别取不同面层厚度进行分析计算，此组模型除建筑面层厚度不同外，其余计算条件一致。建筑面层填充材料选用两组有较高降板区域的模型进行分析，除面层填充材料重度不同外，其余计算条件均一致，以此独立考察面层厚度及填充材料不同的单变量影响效果。

1）案例 1，项目位于河南郑州，住宅建筑，规划总建筑面积约 19 万 m²。选用其中一栋住宅楼进行计算分析，地上结构体系为剪力墙结构，安全等级为二级，抗震设防分类为丙类，抗震等级为二级。

分别采用 50mm、80mm、100mm、130mm、150mm 的面层厚度，楼板恒荷载分别取 1.5kN/m²、2.2kN/m²、2.5kN/m²、3.1kN/m²、3.5kN/m²。河南郑州项目结构整体计算模型如图 4-4 所示，标准层结构平面布置图如图 4-5 所示。

计算得到的河南郑州项目各计算模型结构材料用量比较表（面层厚度）如表 4-2 所示。

2）案例 2，项目位于青海省海东市，规划总建筑面积约 7 万 m²，分为基础设施和保障性公租房项目，结构体系均为框架结构，结构安全等级为二级，抗震设防分类为丙类，框架抗震等级为三级。

针对其中的保障性公租房项目进行计算研究，保障性公租房项目由于需要在卫生间同层排水区域设置降板区域。对该项目分别采用细石混凝土及陶粒混凝

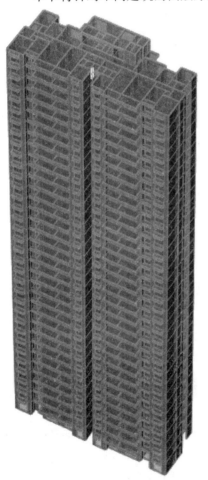

图 4-4　河南郑州项目结构
整体计算模型

土面层材料分析，以观察不同面层材料对成本的影响。青海省海东市项目结构整体计算模

型如图 4-6 所示，青海省海东市项目标准层平面布置图如图 4-7 所示。

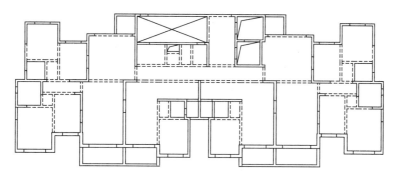

图 4-5 河南郑州项目标准层结构平面布置图

河南郑州项目各计算模型结构材料用量比较（建筑面层厚度）　　表 4-2

建筑面层厚度 （mm）	钢筋用量 （kg/m²）	钢筋用量比值	混凝土用量 （m³/m²）	混凝土用量比值	隔墙重度 （kN/m²）
50	33.56	100%	0.32	100%	1.5
80	33.67	约100%	0.32	100%	2.2
100	34.24	约102%	0.32	100%	2.5
130	34.93	约104%	0.32	100%	3.1
150	35.46	约106%	0.32	100%	3.5

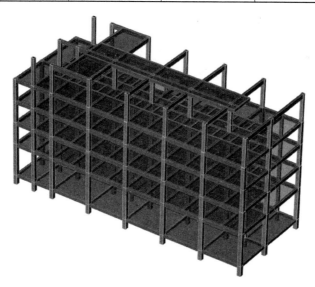

图 4-6 青海省海东市项目结构整体计算模型

计算得到的青海省海东市项目各计算模型结构材料用量比较（面层做法）如表 4-3
所示。

3）案例 3，项目位于北京市丰台区，规划总建筑面积约 21 万 m²。其中，有一座大型
商场，其结构为框架—剪力墙结构，结构安全等级为二级，抗震设防分类为乙类，剪力墙
抗震等级为一级，框架部分抗震等级为二级。

大型商场地上部分存在大面积餐饮区域，需设置大面积降板以满足排水需求。对该项目分别采用细石混凝土及陶粒混凝土面层材料分析，以观察不同面层材料对成本的影响。北京市丰台区项目结构整体计算模型如图4-8所示，北京市丰台区项目标准层平面布置图如图4-9所示。

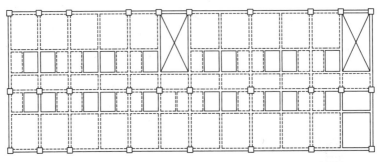

图4-7 青海省海东市项目标准层平面布置图

青海省海东市项目各计算模型结构材料用量比较（面层做法） 表4-3

面层做法	钢筋用量 （kg/m²）	钢筋用量比值	混凝土用量 （m³/m²）	混凝土用量比值	楼面荷载 （kg/m²）
细石混凝土	37.12	100%	0.37	100%	4
陶粒混凝土	36.67	约99%	0.37	100%	1.6

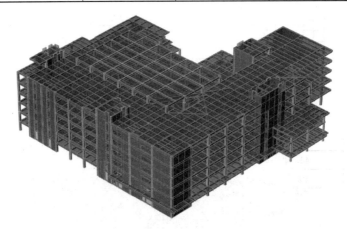

图4-8 北京市丰台区项目结构整体计算模型

计算得到的北京市丰台区项目各计算模型单层结构用量比较（面层做法）如表4-4所示。

4）统计两组案例计算结果分析：

（1）两组案例采用同一分析模型，设计条件统一。仅从建筑面层厚度及填充材料的影响进行分析比较，可以独立展示不同建筑面层恒荷载对结构总体经济性指标的影响。

（2）采用不同面层厚度、相同建筑面层材料，随着面层厚度的增加，项目单位面积钢筋用量有不同程度的增加。

（3）在存在大面积降板区域的建筑中，增加降板区域填充材料的重量会引起项目用钢量的增加，采用陶粒混凝土的面层比采用普通细石混凝土的面层钢筋用量减少了7%，有效地控制大面积降板区域填充材料的重度可减少工程造价。

（4）两组案例本质上反映了面层恒荷载对于工程造价的影响，面层恒载越大，工程造价越高。

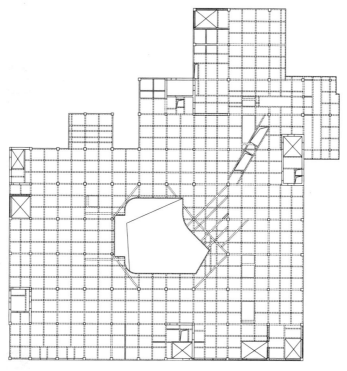

图 4-9　北京市丰台区项目标准层平面布置图

北京市丰台区项目各计算模型单层结构材料用量比较（面层做法）　　表 4-4

面层做法	钢筋用量 （kg/m²）	钢筋用量比值	混凝土用量 （m³/m²）	混凝土用量比值	楼面荷载 （kN/m²）
细石混凝土	44.13	100%	0.29	100%	4
陶粒混凝土	40.99	约 93%	0.29	100%	1.6

因此，我们可以认为单从工程造价控制方面考虑，减小建筑面层厚度，减轻建筑面层填充材料重度，可有效地控制项目整体成本。在实际工程中，应从建筑需求、项目当地材料供应条件、不同填充材料的成本等方面进行综合考虑，降低结构面层恒荷载，使结构设计达到经济适用、安全合理的要求。

4.4　绿化种植土材质选用判别

为有效评估采用不同绿化种植土对工程造价的影响，为建筑、结构方案比选提供相对全面（兼顾技术、经济两个层面）的数据条件，本节选用两组大型商业项目工程案例，对其经济性比选方案进行了系统分析。

1）案例 1，项目位于内蒙古呼和浩特市，规划总建筑面积约 34 万 m²，有 3 栋超高层办公建筑与 1 栋大型商业建筑。本案例选用该项目大型商业单体进行屋顶绿化种植土材质选用的分析，结构体系为框架—剪力墙结构，结构安全等级为一级，抗震设防分类为乙类，剪力墙抗震等级为一级，框架抗震等级为一级。选用三种绿化种植土：普通种植土（18kN/m³）、草炭混合土（12.5kN/m³）、宝绿素（6.5kN/m³）。内蒙古呼和浩特项目结构计算整体模型如图 4-10 所示，内蒙古呼和浩特项目屋面结构平面布置图如图 4-11 所示。

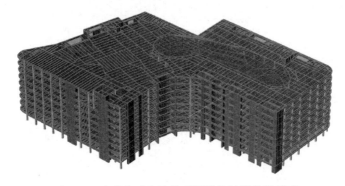

图 4-10　内蒙古呼和浩特项目结构计算整体模型

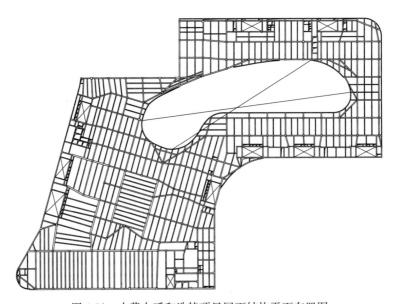

图 4-11　内蒙古呼和浩特项目屋面结构平面布置图

计算得到的内蒙古呼和浩特项目各面层做法结构材料用量比较如表 4-5 所示。

内蒙古呼和浩特项目各面层做法结构材料用量比较　　表 4-5

面层做法	钢筋用量（kg/m²）	钢筋用量比值	混凝土用量（m³/m²）	混凝土用量比值	重度（kN/m²）
普通种植土	51.76	约 117%	0.235	100%	18
草炭混合土	47.53	约 108%	0.235	100%	12.5
宝绿素	44.21	100%	0.235	100%	6.5

2）案例 2，项目位于广西南宁市，规划一期总建筑面积约 60 万 m²，有 3 栋超高层办公建筑与 1 栋大型商业建筑。本案例选用该项目大型商业单体进行屋顶绿化种植土材质选用的分析，结构体系为框架—剪力墙结构，结构安全等级为二级，抗震设防分类为乙类，

剪力墙抗震等级为二级，框架抗震等级为三级。选用三种绿化种植土：普通种植土（18kN/m³）、草炭混合土（12.5kN/m³）、宝绿素（6.5kN/m³）。广西南宁项目结构计算整体模型如图4-12所示，广西南宁项目屋面结构平面布置图如图4-13所示。

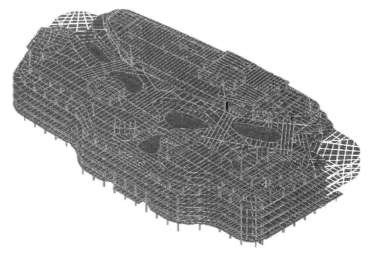

图4-12 广西南宁项目结构计算整体模型

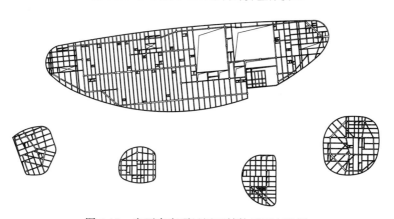

图4-13 广西南宁项目屋面结构平面布置图

计算得到的广西南宁项目各面层结构材料用量比较如表4-6所示。

广西南宁项目各面层结构材料用量比较 表4-6

面层做法	钢筋用量（kg/m²）	钢筋用量比值	混凝土用量（m³/m²）	混凝土用量比值	重度（kN/m²）
普通种植土	67.89	约151%	0.335	100%	18
草炭混合土	49.89	约111%	0.335	100%	12.5
宝绿素	44.95	100%	0.335	100%	6.5

3）统计两组案例计算结果分析：

（1）两组案例采用同一模型，设计条件统一。仅屋顶花园种植土不同，可以独立地展示屋顶花园采用不同种植土对结构总体经济性指标的影响。

（2）现阶段三种种植土在工程中应用较为广泛。普通种植土、草炭混合土、宝绿素三种种植土的重度差别较大，屋面采用草炭混合土比采用宝绿素单层钢筋用量增加约 11%，而屋面采用普通种植土比采用宝绿素单层钢筋用量增加约 51% 以上。

（3）采用较轻种植土作为屋顶花园种植土还可以减少室内净高，对建筑室内高度有积极作用。屋顶花园通常位于建筑顶部，顶部质量的增加会引起地震作用的增加，也会导致项目整体造价的提高。

综上所述，我们可以认为单从工程造价控制方面考虑，工程项目中采用轻质种植土可有效地控制项目整体成本。实际工程中应从建筑需求、项目当地材料供应条件、不同填充材料的成本等方面进行综合考虑，屋顶花园种植土重量应使结构设计达到经济适用性、安全合理的要求。建议具体工程可依据实际需求和控制重点酌情选用。

4.5 设备荷载的判别分析

对于有较多设备机房的建筑（如数据中心），设备荷载的取值对结构计算有很大的影响，本节选用某数据中心的设备荷载取值对结构的影响进行研究。

案例位于北京市昌平区，使用功能为国网智能电网研究院有限公司，结构体系为框架结构，结构安全等级为二级，抗震设防分类为丙类，框架抗震等级为二级。设备荷载取值分别按照 $16kN/m^2$、$10kN/m^2$、$7kN/m^2$ 进行计算分析，以研究设备荷载的取值对项目经济性的影响。北京昌平项目计算模型如图 4-14 所示，结构平面布置图如图 4-15 所示。

图 4-14 北京昌平项目计算模型

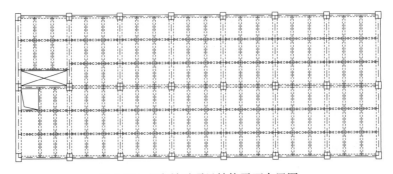

图 4-15 北京昌平项目结构平面布置图

计算得到的北京昌平项目不同设备荷载取值的结构材料用量比较如表 4-7 所示。

北京昌平项目不同设备荷载取值的结构材料用量比较 表 4-7

设备荷载取值（kN/m²）	钢筋用量（kg/m²）	钢筋用量比值	混凝土用量（m³/m²）	混凝土用量比值
16	42.37	114%	0.335	100%
10	39.56	106%	0.335	100%
7	37.19	100%	0.335	100%

分析可以得出以下结论：

（1）分析模型采用同一模型，设计条件统一，仅是设备机房荷载的取值不同，可以独立地展示不同设备机房荷载取值对结构总体经济性指标的影响。

（2）对于设备数据中心，有效控制设备机房的荷载可减少工程造价。设备荷载取值为 $16kN/m^2$，比设备荷载取值为 $7kN/m^2$ 时，钢筋用量比值增加 14%。设备荷载取值为 $10kN/m^2$，比设备荷载取值为 $7kN/m^2$ 时，钢筋用量比值增加 6%。

综上所述，针对数据机房较多的建筑，应按照实际设备最大运行荷载输入模型计算，可有效控制工程造价。

4.6 活荷载敏感性分析

大型商业活荷载的取值影响项目整体经济性，本节选用某实际大型商业项目进行分析计算，研究商业活荷载对工程造价的影响。

案例位于呼和浩特市，规划总建筑面积约 34 万 m^2，主要有三栋超高层办公建筑与一大型商业建筑，本案例选用该项目大型商业单体进行活荷载敏感性的分析。结构体系为框架—剪力墙结构，结构安全等级为一级，抗震设防分类为乙类，剪力墙抗震等级一级，框架抗震等级一级。商业活荷载取值分别按照规范最低要求 $3.5kN/m^2$、$4.0kN/m^2$、$5.0kN/m^2$，结构计算整体模型如图 4-10 所示，商业二层结构平面布置图如图 4-11 所示。

计算得到的内蒙古呼和浩特项目各计算模型结构材料用量比较如表 4-8 所示。

内蒙古呼和浩特项目各计算模型结构材料用量比较（活荷载取值） 表 4-8

活荷载取值（kN/m²）	钢筋用量（kg/m²）	钢筋用量比值	混凝土用量（m³/m²）	混凝土用量比值
3.5	41.26	100%	0.311	100%
4.0	42.60	约 103%	0.311	100%
5.0	43.96	约 107%	0.311	100%

分析可以得出以下结论：

（1）分析模型采用同一模型，设计条件统一，仅活荷载取值不同。可以独立地展示活荷载取值不同对结构总体经济性指标的影响。

（2）对于大型商业建筑控制商业活荷载取值，可有效降低工程造价。规范要求最小取值为 $3.5kN/m^2$，商业活荷载取为 $4.0kN/m^2$，对应的钢筋用量比值增加 3%。当商业活荷载取 $5.0kN/m^2$，对应的钢筋用量比值增加 7%。

综上，商业活荷载的取值不同会影响工程造价的控制，按照规范要求的最小荷载取值对工程造价控制较为有利。

第5章　地基基础方案比选与典型案例分析

基础作为结构设计中最重要的组成部分之一，其设计的成本控制显得尤为重要。基础形式的选取，在解决实际技术问题的同时，通常也会引起工程造价的变化。为有效做出技术决策和经济决策，客观、合理地比较选取不同地基基础形式及在同一种基础形式、不同设计条件下基础材料用量的变化带来的经济性影响，就成为需要被研究的内容。

基于上述需求，本章将系统地进行典型且较为常见的基础方案造价敏感性分析，研究结论可作为项目决策的有效参考依据。当然，基础方案依据工程项目特点，不可能一一列举，本章的研究可作为一个广泛意义的参考，作为实际工程设计过程的有效技术支撑。

5.1　基础方案判别

基础形式受地基土性质、地下水、各种结构体系、基础与结构的共同作用、当地经验、经济造价、各种施工工艺诸多不确定因素的影响。基础形式种类繁多，试图穷举所有基础形式并对其成本影响效果进行逐一评估难度极大，也并非完全必要。本章结合建设工程项目技术设计流程（技术层面）和造价控制流程（经济层面）的实践经验，分别从不均匀地基土层基础形式比选，筏板厚度、柱墩尺寸、结构沉降量，桩基础的单桩承载力估算方法，钻孔灌注桩、预应力管桩，其他桩型的应用比选，线桩工艺的比选等工程实际案例进行分析。将几类典型的基础方案作为主要研究对象，试图分析基础方案对于结构整体经济性控制的影响。研究结论可以有效地指导工程项目技术决策和经济决策，亦可以作为基础形式选取的广泛性参考建议。

1）不均匀地基地层条件下桩基础、墩基础、筏形基础的比选。单体建筑物落在不均匀的地基土层上，在诸多基础形式当中，通常偏于保守按最软弱区段的地基条件选择基础形式和地基处理措施，业内普遍的观点是会造成一定程度的结构成本提升。在实际工程中，应选用整体性好、能调节不均匀沉降的基础，在满足承载力的前提下，进行基础沉降计算，从而选择一种经济可行的基础形式。故本章选取实际工程案例，对基岩顶面倾斜的基底土层条件下考虑差异沉降的实际影响后，选取桩基础、墩基础、筏形基础作为研究对象，系统评估其对结构成本造成的相关影响。

2）变厚度筏形基础的筏板厚度优选分析。筏形基础随着筏板厚度的增加，可以有效地减小筏板的最大挠度和挠度差，调整反力分布。但随着筏板厚度的增加，混凝土用量也增加，钢筋用量也并不是随着筏板厚度增加呈线性变化，筏板并不是越厚越节约钢筋用量，因此，需要对筏形基础的合理厚度进行优选分析。合理选取基础厚度，在实际工程中占据重要地位。筏形基础的厚度，在其上部荷载作用下，主要由内力和冲切作用力大小决定，除与荷载有关外，还与剪力墙跨度或柱距有关。本章通过两个实际工程案例试算比较，选取不同的基础板厚，系统评估该做法对结构造价的影响。

3）变厚度筏形基础的柱墩尺寸优选分析。同一种基础形式，因基底土层条件差别对基础造价的影响也是不容忽视的。位于柱或墙下的筏板，受力集中且复杂，在工程设计中常采用柱或墙下局部加厚的办法满足筏板设计需要，通常有设置小柱墩和大柱墩两种方案。小柱墩主要解决筏板在柱或墙根部的抗冲切问题；大柱墩的设置会对筏板的受力性能产生影响，且基底土层软硬程度不同，也会对基础受力情况产生不同程度的影响。本章通过一个实际工程案例试算比较，根据地基土层软硬的不同，合理选取柱墩大小，系统地评估该做法对于结构造价的影响。

4）筏形基础的结构沉降量优选分析。在基础设计中，人们往往只注重考虑地基承载力，而忽视了地基变形的影响，地基承载力特征值与地基的变形是密不可分的。地基的变形是地基基础设计的关键，引起地基变形的因素有很多，合理的沉降量是结构设计计算的前提。它使得基础计算变成一种在已知地基总沉降量前提下基础沉降的复核过程，同时，也是对基础配筋的确定过程。本章通过一个实际工程案例，在满足承载力的前提下，通过调整最终沉降量进行材料用量的比较，评估该做法对结构造价的影响。

5）桩基础的单桩承载力估算方法比选。在桩基础设计中，因桩的形式不同、单桩承载力的计算方法不同，地勘报告往往会依据当地经验推荐一种或几种桩基础形式，设计师应根据地质情况进行多方面考虑，通过承载力的估算，选取更合理的桩基础形式。本章选取实际工程案例，依据项目地勘报告，系统评估不同的桩基础形式对结构造价造成的差异影响。

6）钻孔灌注桩、预应力管桩等其他桩型的应用比选。在初步设计阶段，依据业主单位提供的前期设计资料，对整体结构方案提出合理建议。桩基础方案应根据不同的地质情况、桩基础施工工艺、项目工期等进行估算比选，评估不同的基础形式对结构造价的影响。

7）成桩工艺的比选。桩基础设计中由于地质条件的不同，成桩工艺对项目施工难度、施工工期、工程造价都有影响。

5.2 不均匀地基地层条件下桩基础、墩基础、筏形基础的比选

本节结合两个实际工程案例，针对不均匀地基地层条件下桩基础、墩基础、筏形基础的比选展开系统研究，重点考察建筑单体在上部结构完全相同的情况下，基础造价对总工程造价的影响。所选案例的建筑是坐落在不均匀基底土层或坐落在基岩顶面倾斜的基底土层上的建筑，应按变形控制设计，考虑可能出现的不均匀沉降，选用整体性好、刚度较大的基础形式。本节分别选用桩基础、墩基础、筏形基础进行具体计算分析比选。

1）案例1，桩基础与筏形基础比选。本项目位于吉林省白山市抚松县西南部山区，是钢框架结构，结构高度22.5m，地上5层，局部地下1层，抗震设防烈度为6度（0.05g），设计地震分组为第一组，场地类别为Ⅱ类，抗震设防类别为丙类。

该场地表层为杂填土及含砾粉质黏土，整体地形起伏较大。场地地层结构自上而下为：①层杂填土，②层含砾粉质黏土（$f_{ak}=120$kPa、$E_s=3.82$MPa，不能作为持力层），③层含砾黏土（$f_{ak}=170$kPa、$E_s=7.00$MPa，基底持力层），④层碎石（桩端持力层），⑤层强风化石英正长斑岩脉。

沉降计算土层厚度取 15m, 地基变形量为 127mm (满足 200mm 的相关规范要求, 整体倾斜也满足相关规范要求, 可采用天然地基)。两种基础形式分别为天然地基方案和桩基础方案。方案 1: 采用变厚度筏形基础, 基础持力层为③层含砾黏土层, 对基础底部部分土需作换填处理, 换填部分约 1.50m 厚, 换填材料为素土夯实。方案 2: 采用预应力混凝土管桩 (承台+防水板), 桩端持力层为④层碎石, 桩长取 9～16m。吉林白山市抚松西南部山区项目方案平面图及工程地质剖面图如图 5-1 所示, 吉林白山抚松西南部山区项目概况及概算造价比较如表 5-1 所示。

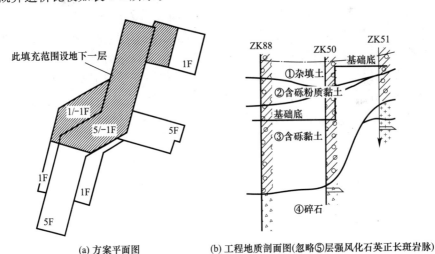

(a) 方案平面图　　　(b) 工程地质剖面图(忽略⑤层强风化石英正长斑岩脉)

图 5-1　吉林白山抚松西南部山区项目方案平面图及工程地质剖面图

吉林白山抚松西南部山区项目概况及概算造价比较　　　　　　　　　表 5-1

方案编号	结构体系	结构高度 (m)	抗震设防烈度	基础形式	筏板厚度及桩长	概算总造价 (万元)
方案 1	钢框架	22.5	6 度 (0.05g)	筏形基础	600mm	1127
方案 2				桩基础	9～16m	1232

2) 案例 2, 筏形基础与墩基础的比选。本项目位于山东省青岛市崂山区, 是框架—核心筒结构, 3 座塔楼 (A 座、B 座、C 座) 分别为地上 22 层、20 层、18 层, 屋面高度分别为 96.0m、92.0m、88.0m。地下 2 层, 抗震设防烈度为 6 度 (0.05g), 设计地震分组为第三组, 场地类别为Ⅱ类。山东青岛崂山项目筏形基础和墩基础比选展开图见图 5-2, 山东青岛崂山项目基底土层分布如表 5-2 所示。

(1) 基础选型依据

根据本工程具体的工程地质条件, 基础选型依据说明如下:

① 本工程地基土层分布虽然不均匀, 岩层埋深从地下室西北角向东南角方向逐渐增加, 但整体压缩土层厚度较小 (基本在 10m 以内), 差异沉降有一定影响, 但绝对值预估较小, 故未采用当地常见的墩基础, 而选用变厚度筏形基础。

② 基础计算时, 分区依据分层总和法估算沉降值, 调整计算模型基床系数 K 值, 尽可能真实模拟筏板的差异沉降。

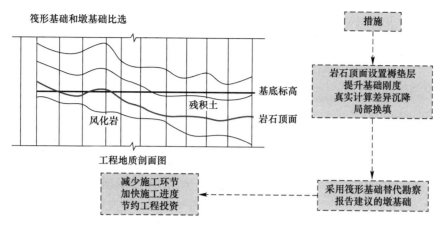

图 5-2　山东青岛崂山项目筏形基础和墩基础比选展开图

山东青岛崂山项目基底土层分布　　表 5-2

层序号	岩性	钻遇层顶标高（m）
①	素填土	41.26～48.86
②	粉质黏土	36.19～47.05
②₁	粗砾砂	36.99～42.14
③	含黏性土粗砾砂	32.69～45.47
④	粉质黏土	34.19～41.55
⑤	强风化花岗岩	32.50～48.56
⑤₁	强风化煌斑岩	41.01～44.90
⑥	中风化花岗岩	31.26～47.97
⑥₁	中风化煌斑岩	36.16～43.30

③ 板配筋与差异沉降引起的变形协调结果相匹配，真实体现差异沉降对筏板实配钢筋量的影响。

④ 筏板刚度对于差异沉降的降低影响作为设计储备，在计算中不考虑。

（2）换填方案简介

依据本工程具体的工程地质条件，基础换填方案说明如下：

① A 座塔楼基底均为岩石，清除残余土体，用 C15 素混凝土换填。

② B、C 座塔楼基底③层土居多，可作为基底持力层，将局部岩石开挖 500mm，换填为褥垫层，换填土承载力及压缩模量同③层土。

③ 西侧裙房部分基底主要为岩石，开挖 500mm，换填为褥垫层，换填土承载力及压缩模量较低，平衡差异沉降。

④ 东侧裙房基底主要为③层土，将局部软弱②层土全部清除，换填为级配砂石，换填土承载力及压缩模量较高，同③层土平衡差异沉降。

采用上述换填方案后，选用变厚度筏形基础，未采用当地应对倾斜岩层常用的墩基础，节约基础部分建设成本。

（3）沉降观测验证

本工程选用上述基础设计方案后，在实际施工过程中进行了全程沉降监测，依据监测

59

结果，得到以下结论：

① 沉降绝对值较小，均为 8mm 左右。

② 筏板东侧（土层相对较厚且主楼筏板飞边相对较小）沉降相对较大，与设计预估模式一致。

③ 由于设计时已经考虑依靠筏板整体刚度平衡不均匀沉降，故未设置沉降后浇带，通过实测沉降结果，验证了该方法较好地实现设计目标。

3）依据案例 1 和案例 2 的计算统计结果我们可以分析得到以下结论：

（1）案例 1，场地不均匀，建筑物部分有地下室，部分无地下室，两方案均选地下一层顶板以下结构部分进行比较分析，排除基础与上部结构相交处构造差异的影响。分析结果由经济专业人员通过概算得出，如实考察了不均匀基底土层选用不同的基础形式对于项目整体造价的影响。在该案例中采用桩基础时，总造价比用筏形基础的总造价增加约 9%。

（2）案例 2，依据具体工程地质条件，综合比选了墩基础与变厚度筏形基础。本工程基础形式选用变厚度筏形基础，实际沉降观测结果有效验证了所选基础的合理性。

综上所述，在不均匀土层条件下，特别是地形起伏与地质不均匀的坡地地基，进行基础设计时，更应特别注意地基基础方案的选择确定，除基础造价外，对建筑物的安全、基础的施工周期都有决定性的影响。具体工程的基础形式选用需依据当地气候、项目工期、施工条件等因素和结合项目自身的实际情况考虑。

5.3 变厚度筏形基础的筏板厚度优选分析

本节结合两个实际工程案例，针对变厚度筏形基础的筏板厚度展开系统研究，重点考察筏板厚度变化对整体工程造价的影响。案例 1 地上结构为剪力墙结构，案例 2 地上结构为框架—剪力墙结构。除筏板厚度外，其余条件均保持一致，以此保证独立考察筏板厚度的单变量影响效果。

1）案例 1 位于北京市密云区，结构高度为 44.8m，地下 3 层，地上 16 层，抗震设防烈度为 8 度（0.2g），设计地震分组为第二组，场地类别为 II 类，抗震设防类别为丙类。

该场地位于潮白河故道，属于山前平原地貌，拟建场地地形起伏不大，土层划分为人工填土层、第四纪全新世冲洪积层、太古代基岩。场地地层结构自上而下为：①层杂填土，②层黏质粉土、砂质粉土（$f_{ak}=160$kPa、基底持力层），③层粉质黏土、重粉质黏土（$f_{ak}=200$kPa），④层粉质黏土、重粉质黏土，⑤层粉细砂，⑥层卵石。采用 CFG 桩处理地基，基础采用平板式筏形基础。北京市密云区项目基础平面布置图如图 5-3 所示，项目概况如表 5-3 所示。

计算统计得到的北京市密云区项目结构材料用量比较如表 5-4 所示。

2）案例 2 位于西安渭北，结构高度 50.1m，地下 1 层，地上 14 层，抗震设防烈度为8 度（0.2g），设计地震分组为第二组，场地类别为 II 类，抗震设防类别为乙类。

该场地地形较为平坦，局部有起伏，场地地层结构自上而下为：①层黄土状粉质黏土、②层粉土、③层细砂、④层中粗砂、⑤层粉质黏土、⑥层中粗砂、⑦层粉质黏土、⑧层中粗砂。地基采用天然地基，基础采用平板式筏形基础。西安渭北项目基础平面布置图如图 5-4所示，项目概况如表 5-5 所示。

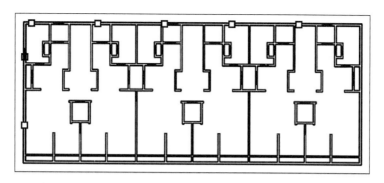

图 5-3　北京市密云区项目基础平面布置图

北京市密云区项目概况　　　　　　　　　　　　　　表 5-3

方案编号	地上结构体系	结构高度（m）	抗震设防烈度	筏板厚度（mm）
方案 1				600
方案 2	剪力墙结构	44.8	8 度（0.2g）	700
方案 3				800

北京市密云区项目结构材料用量比较　　　　　　　　表 5-4

方案编号	钢筋用量（t）	钢筋用量比值	混凝土用量（m³）	混凝土用量比值	筏板厚度（mm）
方案 1	37.33	约 109%	484.8	100%	600
方案 2	34.25	100%	565.6	约 117%	700
方案 3	37.51	约 110%	646.4	约 133%	800

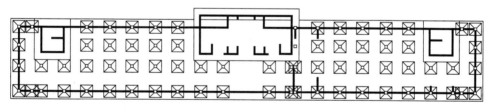

图 5-4　西安渭北项目基础平面布置图

西安渭北项目概况　　　　　　　　　　　　　　　表 5-5

方案编号	地上结构体系	结构高度（m）	抗震设防烈度	筏板厚度（mm）	柱墩厚度（mm）
方案 1				700	600
方案 2	框架—剪力墙结构	50.1	8 度（0.2g）	800	500
方案 3				900	400

计算统计得到的西安渭北项目结构材料用量比较如表 5-6 所示。

3）依据案例 1 和案例 2 的计算统计结果，我们可以得到以下结论：

（1）在两组实际工程案例中，通过不同厚度基础材料用量统计，直观判断基础厚度对结构造价的影响。

西安渭北项目结构材料用量比较 表 5-6

方案编号	钢筋用量 （t）	钢筋 用量比值	混凝土用量 （m³）	混凝土 用量比值	筏板厚度 （mm）
方案 1	311.36	约 103%	3949	100%	700
方案 2	303.71	100%	4206	约 107%	800
方案 3	313.03	约 103%	4462	约 113%	900

（2）案例 1：选筏板厚度 700mm，增加或减小 100mm 厚筏板，钢筋用量最大变化约 10%。混凝土用量最大变化约 33%。

（3）案例 2：选筏板厚度 800mm，增加或减小 100mm 厚筏板，钢筋用量变化约 3%。混凝土用量最大变化约 13%。

（4）基础钢筋总用量与筏板厚度存在一定关联。当筏板厚度较小或者较大时，都会使得钢筋用量增加。通过两个实际工程算例综合造价的比较，案例 1 选 700mm 厚筏板、案例 2 选 800mm 厚筏板比较经济。

因此，在筏形基础设计中，当筏板厚度增加时，相应的土方开挖量、混凝土用量也增加，钢筋用量并不是随着筏板厚度增加，呈线性递减的。当筏板厚度较小时，可以节约混凝土用量，同时减少基坑开挖的土方量，单就混凝土用量及土方开挖考虑，厚度较小的筏板在这方面较为经济，但会导致钢筋用量有一定程度的增加。在具体工程中，可依据实际需求和控制重点，酌情选用。

5.4 变厚度筏形基础的柱墩尺寸优选分析

本节结合一个工程案例，针对变厚度筏形基础的柱墩尺寸优选展开系统研究，重点考察基础在不同土层上调整柱墩大小对整体工程造价的影响。柱墩对筏板的冲切作用会对筏板的配筋量产生影响，在柱的冲切作用下柱墩钢筋用量也会产生变化。因此，设计柱墩大小时不仅要考虑满足承载力的要求，柱墩尺寸的变化对于工程成本控制也是非常关键的。

案例位于北京市门头沟区，是位于地下二层的车库，框架结构，柱网尺寸为 8.4m×8.4m，抗震设防烈度为 8 度（0.2g），设计地震分组为第二组，场地类别为Ⅲ类，抗震设防类别为丙类。

该场地地形略有起伏，局部有起伏，场地地层结构自上而下为：①层杂填土、①₂ 层卵石素填土、②层卵石（$f_{ak}=320kPa$、基底持力层）、②₂ 层细砂、③层卵石、③₂ 层黏土、④层卵石。

地基采用天然地基，持力层为②层卵石，可以考虑采用独立基础＋防水板基础方案。考虑基础底板水浮力较大，防水板验算水头较高，为满足抗浮验算要求，预计防水板厚度不小于 400mm，如采用独立基础＋防水板，且防水板下不设置软化层，实际受力模式已基本等同于设置柱墩的变厚度筏形基础。因此，基础采用平板式筏形基础，对基础柱墩设置进行设计比选。北京市门头沟区项目基础平面布置图如图 5-5 所示，北京市门头沟区项目概况如表 5-7 所示。

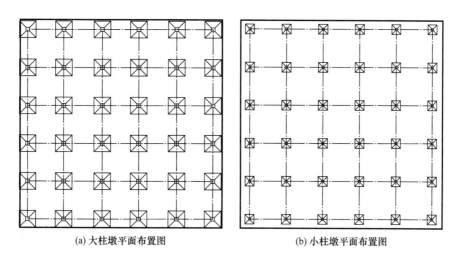

(a) 大柱墩平面布置图　　　　　　　　(b) 小柱墩平面布置图

图 5-5　北京市门头沟区项目基础平面布置图

北京市门头沟区项目概况　　　　　　　　　表 5-7

方案编号	筏板厚度（mm）	柱墩尺寸（mm×mm）	柱墩厚度（mm）	基底土层	基床反力系数（万）
方案 1	500	4200×4200	600	软土层	1
方案 2		4200×4200	600	硬土层	10
方案 3		2500×2500	600	软土层	1
方案 4		2500×2500	600	硬土层	10

计算统计得到的北京市门头沟区筏板结构材料用量比较如表 5-8 所示。

北京市门头沟区筏板结构材料用量比较　　　　　　　　　表 5-8

方案编号	方案 1	方案 2	方案 3	方案 4
基床反力系数	1 万	10 万	1 万	10 万
柱墩尺寸（mm×mm）	4200×4200	4200×4200	2500×2500	2500×2500
钢筋用量（t）	81.47	79.14	100.69	82.35
钢筋用量比值	约 103%	100%	约 127%	约 104%
混凝土用量（m³）	1448.24	1202.22	1448.24	1202.22
混凝土用量比值	约 120%	100%	约 120%	100%

依据案例的计算统计结果，我们可以得到以下结论：

（1）本案例分 4 种情况作比较，如实考察筏板厚度不变，根据地基土的软硬调整柱墩平面尺寸，分析柱墩大小对整体造价的影响。

（2）采用不同的柱墩，混凝土用量不同。

（3）作用在软土地基上（基床反力系数取 1 万），大柱墩方案相对小柱墩方案钢筋用量减少。作用在硬土地基土上（基床反力系数取 10 万），大柱墩方案相对小柱墩方案配筋减少。

（4）大柱墩方案在软土和硬土地基上的钢筋含量相差不大，小柱墩方案在软土与硬土地基上钢筋用量有差别。

因此，综合考虑混凝土用量，在软土地基上的筏形基础适宜选用大柱墩（柱墩大小为柱距的1/2），在硬土地基上的筏形基础适宜选用抗冲切作用力的小柱墩。建议在实际工程中可依据项目的基底土层条件及自身的实际情况和控制重点酌情选用。

5.5 筏形基础的结构沉降量优选分析

本节结合一个工程案例，针对筏形基础的结构沉降量展开系统研究，重点考察筏形基础沉降量变化对整体工程造价的影响。除沉降量不同外，其余条件均保持一致，以此保证独立考察沉降量的单变量影响效果。

案例位于山东德州，是框架结构体系，地下1层，地上5层，结构高度18.6m，地上有三个单体，中间均设置防震缝，柱网尺寸为8.4m×8.4m，抗震设防烈度为7度（0.1g），设计地震分组为第二组，场地类别为Ⅲ类，抗震设防类别为丙类。

该场地地形略有起伏，场地地层结构自上而下为：①层杂填土、②层黏质粉土、③层粉质黏土、④层中砂、⑤层中粗砂、⑥层卵石。地基采用天然地基，基础采用平板式筏形基础。山东德州项目基础平面布置图如图5-6所示，山东德州项目基础基本情况如表5-9所示。

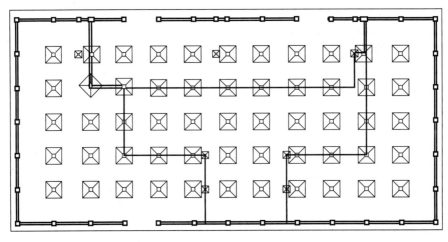

图5-6 山东德州项目基础平面布置图

山东德州项目基础基本情况 表5-9

方案编号	筏板厚度（mm）	柱墩尺寸（mm×mm）	柱墩厚度（mm）	基础沉降量（mm）
方案1				20
方案2	600	4200×4200	700	40
方案3				60

计算统计得到的山东德州项目结构材料用量比较如表5-10所示。

依据案例的计算统计结果，我们可以得到以下结论：

本案例通过调整基础沉降量，比较分析筏形基础的配筋量，在筏板厚度不变时，分析地基沉降量对筏板配筋的影响。在地基基础设计时，按实际情况输入地质资料，同时考虑上部结构刚度的影响，由建筑物沉降量反算基础配筋量。

山东德州项目结构材料用量比较

表 5-10

方案编号	钢筋用量（t）	钢筋用量比值	基础沉降量（mm）
方案 1	326	100%	20
方案 2	361	约 111%	40
方案 3	386	约 118%	60

我们可以认为，地基沉降量的增加会引起基础用钢量的增加，地质资料的准确输入在基础设计中显得尤为重要。在实际工程设计中，人们往往只注重考虑地基承载力而忽视了地基变形的影响，地基的承载力特征值与地基的变形是密不可分的。地基的变形问题是地基基础设计的关键问题，建议在实际工程中可依据项目的地质资料及自身的实际情况准确计算地基沉降量。

5.6 桩基础的单桩承载力估算方法比选

本节结合一个工程案例，针对桩基础的单桩承载力估算方法展开系统性研究。案例位于广西壮族自治区南宁市，总建筑面积约 62 万 m^2，分为 A、B、C、D、E、F、G、H 多个结构单体。本案例选取 B、C 结构单体（B、C 塔楼）进行分析，两座塔楼均采用框架—剪力墙结构，B 座塔楼地上有 39 层，主体结构高度为 172.6m，C 座塔楼地上有 42 层，主体结构高度为 174.4m。抗震设防烈度为 6 度（0.05g），设计地震分组为第一组，场地类别为Ⅱ类。桩基础方案比选图见图 5-7，各岩土层极限桩侧阻力和极限端阻力标准值如表 5-11 所示。

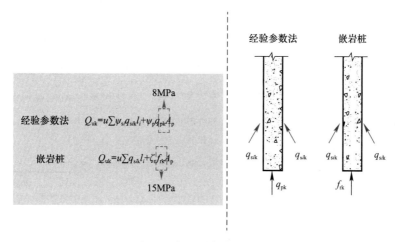

图 5-7 桩基础方案比选图

依据地勘报告的基础形式建议，B、C 座塔楼总高度较高，承载力要求高，且按照现有资料，灰岩埋深一般超过 20m，拟采用钻孔灌注桩基础，桩端持力层为⑤层灰岩，桩的选用比较如下：

（1）人工挖孔桩造价低、施工简易，但是需处理人工降水的问题，施工安全性不高。

层号	名称	极限侧阻力标准值 q_{sik}（kPa）			极限端阻力标准值 q_{pk}（kPa）			备注
		干作业钻孔桩	泥浆护壁钻（冲）孔桩	CFG桩	干作业钻孔桩	泥浆护壁钻（冲）孔桩	CFG桩	
①	素填土	−20	−15	−15	−20	−15	−15	—
②	黏土	80	70	70	—	—	1200	—
③	含角砾黏土	70	60	70	—	—	1500	天然地基持力层
④	灰岩	150	140	—	5000	4000	2000	
⑤	灰岩	300	280	—	10000	8000	2000	桩基础持力层

（2）旋挖钻孔灌注桩施工速度快、效率高，但是，旋挖钻孔灌注桩受钻机功率限制，进入灰岩困难，且桩径很难超过 1.5m。依据现有桩基础设计深度，拟将其作为 B、C 座塔楼桩基础，桩径 1.0m，入岩深度 1 倍桩径。冲孔灌注桩不受场地地质条件的限制，可以轻松穿越灰岩，拟将其作为 A 座塔楼部分的桩基础。

（3）依据地勘报告建议，桩基础施工时，应对桩端采用后压浆加固工艺，以解决桩端沉渣问题，并确保桩端承载力。

（4）考虑节约混凝土用量，统一桩径的需求，B、C 座塔楼桩径拟统一采用 1.0m。

5.7　钻孔灌注桩、预应力管桩等其他桩型的应用比选

本节结合一个工程案例，针对钻孔灌注桩、预应力管桩等其他桩型的应用展开系统研究，重点考察桩基础形式选取及地基处理对整体工程造价的影响。案例位于吉林长白山，地下 1 层、地上 6 层，钢框架结构。场地表层为杂填土、含砾粉质黏土，整体地形起伏较大。场地地层结构自上而下为：①层杂填土、②层含砾粉质黏土（不能作为持力层）、③层含砾黏土（基底持力层）、④层碎石（桩端持力层）、⑤层强风化石英正长斑岩脉。

本工程基底持力层为典型的含碎石黏土，虽然承载力尚可，但是压缩模量过低，基本不具备采用天然地基方案的条件，因此，采用桩基础。对几种桩基础的比较如下：

（1）预应力管桩基础是勘察报告建议采用的基础方案 1。成本低、施工快，虽然本工程基底持力层为含碎石黏土层，局部碎石对预应力管桩沉桩有一定影响，但经过与当地勘察单位沟通确认，考虑现场实际地质情况和邻近地块施工经验，初步确定可以满足预应力管桩沉桩施工要求，且该类基础形式在相邻地区应用广泛，作为本工程优先推荐的基础形式。

（2）钻孔灌注桩基础（旋挖桩）是勘察报告建议采用的基础方案 2。成本相对较高，施工速度较慢，技术成熟，施工质量容易保证，结构安全性较好，可以作为备选方案。

（3）CFG 桩等地基处理方案，勘察报告未提及。优点是成本控制较好、施工方便、工期适中、技术成熟，但经过与勘察设计单位咨询，当地施工队伍缺乏 CFG 桩的施工经验，且场地条件不适合长螺旋 CFG 桩钻孔施工，施工工期与预应力管桩相比不具备优势，不作为优选方案。

在实际工程中，上述基础形式比选分析仅作为初设建议，具体需要与当地总承包单位及勘察单位咨询后确认，方可评估该做法对结构整体造价的影响。

5.8　成桩工艺的比选

桩基础成桩工艺对实际工程的影响：

（1）人工挖孔桩造价低、施工简易，可以大范围开展施工，有效地缩短工期。但是需处理人工降水问题，施工安全度不高。

（2）旋挖钻孔灌注桩施工速度快、效率高。但是，旋挖钻孔灌注桩受钻机功率限制，进入硬质风化岩或中风化以上级别风化岩比较困难，桩径很难超过 1.5m，且沉渣处理难度较大。

（3）冲孔灌注桩不受场地地质条件的限制，可以轻松地穿越硬质风化岩或中风化以上级别风化岩，且桩径基本不受限制，但施工速度较慢，施工效率较差。

（4）条件允许时，可在桩端及桩侧采用后压浆加固工艺，解决桩端沉渣问题，并有效提升单桩承载力。

第6章　楼盖体系类型识别与工程应用建议

楼盖体系作为结构的水平支撑，梁、板是整个项目中占比最大的结构构件，此部分结构设计的合理性与经济性在一定程度上决定着项目整体造价的走向，对项目成本控制有着非常重要的影响。对不同功能分区、不同部位楼盖体系受荷载及构造的要求，应选用不同的楼盖体系，例如对地上部分、首层嵌固端、人防顶板，选择不同的楼盖体系。楼盖体系会受到建筑专业需求的影响，例如受有无吊顶、房间分隔的影响，还会受机电专业的风机盘管等的影响。本章将从不同楼盖体系对于项目成本的影响方面着重分析，在实际工程中要结合各专业的需求与项目成本控制综合考虑选取。

6.1　楼盖体系方案识别

楼盖体系方案主要包括大板方案、单次梁方案、交叉次梁方案、单向双次梁方案及无梁楼盖方案。本章结合建设工程项目技术设计流程（技术层面）和造价控制流程（经济层面）的实践经验，分析地上结构楼盖、地下室顶板室内区域楼盖、地下室顶板室外区域楼盖、普通地下车库楼盖、人防顶板楼盖，将5种典型部位的楼盖体系方案作为主要研究对象，试图分析5种方案对于结构整体经济性控制的影响。研究结论可以有效地指导工程项目技术决策和经济决策，亦可为楼盖体系方案的选择提供参考建议。

（1）在一个建筑物中，混凝土楼盖体系造价占总土建造价的20%~30%。在钢筋混凝土结构中，楼盖体系自重占结构总体重量的50%~60%，因此，降低楼盖体系的造价，减轻楼盖体系的重量对于整个项目的成本控制至关重要。在结构初步设计阶段合理选择楼盖体系，将会带来很大的经济效益。

（2）大板楼盖体系在一定程度上可节省室内空间，但由于大板楼盖体系板厚较厚，增加结构的总体自重，且部分位置楼盖体系使用大板结构会造成楼板钢筋增加，引起整体造价的增加。使用单次梁方案会在一定程度上减小楼板的跨度，但仍无法使板厚减到最优，且会增加梁的钢筋用量。在双次梁楼盖体系中可以使板厚做到最小，但会增加梁混凝土用量及钢筋用量。交叉次梁楼盖体系两个方向的截面高度相等，共同协同承担楼面荷载，但对于有较多风管的位置，交叉处不能提供有效的梁格空间。

（3）由于建筑使用功能的要求，现阶段柱网跨度基本为8.4m及9m，本章将依托此两种常用柱网尺寸，进行分析研究。

本章所有算例采用假定5×5跨楼盖进行分析，按照项目实际使用功能进行荷载的输入，区分各个使用功能的楼盖体系，使计算结果尽量接近真实使用情况，增加分析结果的可信度。

6.2 地上结构楼盖体系比选

本节结合 8.4m 及 9m 两组常用柱网尺寸，针对 4 种地上部分常用楼盖体系展开系统研究，重点考察不同楼盖体系对地上结构项目成本的影响。对主次梁截面依据工程常用尺寸选取，依据不同楼盖体系选取最优楼板厚度，分别统计各楼盖体系材料用量。4 种常用楼盖体系计算模型（地上结构楼盖）见图 6-1。

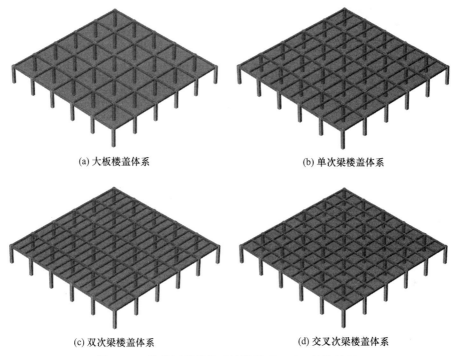

(a) 大板楼盖体系　　　　　　　　　　(b) 单次梁楼盖体系

(c) 双次梁楼盖体系　　　　　　　　　(d) 交叉次梁楼盖体系

图 6-1　4 种常用楼盖体系计算模型（地上结构楼盖）

地上楼盖体系设计荷载及构件尺寸如下：
（1）荷载条件：恒荷载为 2.5kN/m²、活荷载为 3.5kN/m²（商业）。
（2）柱网尺寸：8.4m×8.4m、9m×9m、5 跨×5 跨。
（3）主梁尺寸：350mm×600mm、350mm×700mm（见统计表格）。
（4）次梁尺寸：250mm×600mm、300mm×600mm（见统计表格）。
（5）楼板厚度：110mm、130mm、180mm。

为避免地震作用对统计结果产生的影响，只统计楼盖体系材料用量，即只统计计算楼板及梁材料用量。按 8.4m 柱网尺寸计算 4 种楼盖体系的单位面积结构材料用量（地上结构楼盖）如表 6-1 所示。按 9m 柱网尺寸计算 4 种楼盖体系的单位面积结构材料用量（地上结构楼盖）如表 6-2 所示。

依据 8.4m 柱网尺寸及 9m 柱网尺寸两组模型计算统计结果可以得出以下结论：

（1）两组计算模型均选取 5 跨×5 跨进行计算，计算假设接近实际工程中的应用，结构计算的荷载条件、梁尺寸及楼板厚度与实际工程中选用的构件尺寸相符，计算得出数据与实际工程数据相近。

按8.4m柱网尺寸计算4种楼盖体系的单位面积结构材料用量（地上结构楼盖） 表6-1

楼盖体系方案	主梁尺寸 （mm×mm）	次梁尺寸 （mm×mm）	板厚 （mm）	混凝土用量 （m³/m²）	混凝土用量 比值	钢筋用量 （kg/m²）	钢筋用量 比值
大板方案	350×600	—	180	0.219	约119%	27.97	约140%
单次梁方案	350×700/600	300×600	130	0.195	约106%	23.37	约117%
双次梁方案	350×700/600	250×600	110	0.188	约102%	20.05	100%
交叉次梁方案	350×600	250×600	110	0.184	100%	24.73	约123%

按9m柱网尺寸计算4种楼盖体系的单位面积结构材料用量（地上结构楼盖） 表6-2

楼盖体系方案	主梁尺寸 （mm×mm）	次梁尺寸 （mm×mm）	板厚 （mm）	混凝土用量 （m³/m²）	混凝土用量 比值	钢筋用量 （kg/m²）	钢筋用量 比值
大板方案	350×600	—	180	0.216	约121%	26.72	约140%
单次梁方案	350×700/600	300×600	130	0.191	约107%	22.59	约118%
双次梁方案	350×700/600	250×600	110	0.184	约103%	19.10	100%
交叉次梁方案	350×600	250×600	110	0.179	100%	23.64	约124%

（2）两组不同柱网尺寸结构模型计算条件除跨度外，其他条件一致，排除其他因素对计算结果产生的干扰，计算结果有效。

（3）由8.4m柱网尺寸计算模型可知，采用交叉次梁楼盖体系，梁板混凝土用量较为节省；采用双次梁楼盖体系，梁板钢筋用量最少。综合比较，依据8.4m柱网尺寸地上结构楼盖体系，选取双次梁方案对项目成本较为有利。

（4）由9m柱网尺寸计算模型可知，采用交叉次梁楼盖体系，梁板混凝土用量较为节省；采用双次梁楼盖体系，梁板钢筋用量最少。综合比较，依据9m柱网尺寸地上结构楼盖体系，选取双次梁方案对项目成本较为有利。

（5）地上楼盖结构体系采用双次梁方案对项目整体控制较为有利。

因此，我们可以认为单从项目成本控制方面考虑，双次梁方案可作为地上楼盖体系的优选方案，在实际工程中，选取地上结构楼盖体系方案时，需要综合考虑项目成本、建筑需求、其他专业需求等因素。

6.3 普通地下车库楼盖体系比选

本节结合8.4m及9m两组常用柱网尺寸，针对5种普通地下车库楼盖体系展开系统研究，重点考察不同楼盖体系对地下车库成本的影响。主次梁截面、无梁楼盖柱帽尺寸依据工程常用尺寸选取，依据不同楼盖体系选取最优楼板厚度，分别统计各楼盖体系材料用量。5种常用楼盖体系计算模型（普通地下车库楼盖）见图6-1和图6-2。

普通地下车库设计荷载及构件尺寸如下：

（1）荷载条件：恒荷载2.5kN/m²、活荷载4.0kN/m²（有次梁方案）、活荷载2.5kN/m²（大板方案）。

（2）柱网尺寸：8.4m×8.4m、9m×9m、5跨×5跨。

（3）主梁尺寸：350mm×600mm、350mm×700mm。

（4）次梁尺寸：250mm×600mm、300mm×600mm。

（5）楼板厚度：110mm、130mm、200mm，柱帽：4200mm×4200mm×700mm。

为避免地震作用对统计结果产生影响，只统计楼盖体系材料用量，即只统计计算楼板及梁材料用量。按8.4m柱网尺寸计算5种楼盖体系的单位面积结构材料用量（普通地下车库楼盖）如表6-3所示。按9m柱网尺寸计算5种楼盖体系的单位面积结构材料用量（普通地下车库楼盖）如表6-4所示。

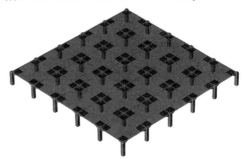

图 6-2 无梁楼盖体系
（普通地下车库楼盖）

依据8.4m柱网尺寸及9m柱网尺寸计算统计结果可以得出以下结论：

按 8.4m 柱网尺寸计算 5 种楼盖体系的单位面积结构材料用量（普通地下车库楼盖） 表 6-3

楼盖体系方案	主梁尺寸（mm×mm）	次梁尺寸（mm×mm）	板厚（mm）	混凝土用量（m³/m²）	混凝土用量比值	钢筋用量（kg/m²）	钢筋用量比值
大板方案	350×600	—	200	0.219	约119%	23.73	116%
单次梁方案	350×700/600	300×600	130	0.195	约106%	23.71	116%
双次梁方案	350×700/600	250×600	110	0.188	约102%	20.46	100%
交叉次梁方案	350×600	250×600	110	0.184	100%	25.24	123%
无梁楼盖方案	4200×4200	—	300	0.306	约166%	27.62	135%

按 9m 柱网尺寸计算 5 种楼盖体系的单位面积结构材料用量（普通地下车库楼盖） 表 6-4

楼盖体系方案	主梁尺寸（mm×mm）	次梁尺寸（mm×mm）	板厚（mm）	混凝土用量（m³/m²）	混凝土用量比值	钢筋用量（kg/m²）	钢筋用量比值
大板方案	350×600	—	200	0.237	约132%	26.61	约117%
单次梁方案	350×700/600	300×600	130	0.191	约107%	25.71	约113%
双次梁方案	350×700/600	250×600	110	0.184	约103%	22.83	100%
交叉次梁方案	350×600	250×600	110	0.179	100%	28.32	约124%
无梁楼盖方案	4200×4200	—	300	0.306	约171%	30.12	约132%

（1）两组计算模型均选取5跨×5跨进行计算，计算假设接近实际工程中的应用，结构计算的荷载条件、梁尺寸及楼板厚度与实际工程中选用的构件尺寸相符，计算得出数据与实际工程数据相近。

（2）两组不同柱网尺寸计算模型计算条件除跨度外，其他条件一致，排除其他因素对计算结果产生的干扰，计算结果有效。

（3）由8.4m柱网尺寸计算模型可知，采用交叉次梁楼盖体系，梁板混凝土用量较为节省，采用双次梁楼盖体系，梁板钢筋用量最少。综合比较，依据8.4m柱网尺寸地上结构楼盖体系，选取双次梁方案对项目成本较为有利。

（4）由9m柱网尺寸计算模型可知，采用交叉次梁次楼盖体系，梁板混凝土用量较为节省，采用双次梁楼盖体系，梁板钢筋用量最少。综合比较，依据9m柱网尺寸地上结构楼盖体系，选取双次梁方案对项目成本较为有利。

（5）地下车库楼盖结构体系采用双次梁方案对项目整体控制较为有利。

因此，我们可以认为单从项目成本控制方面考虑，双次梁方案可作为地下车库楼盖体系的优选方案。但是从净高需求方面，无梁楼盖可提供较为灵活的层高，满足层高需求，此为无梁楼盖在地下结构中的最大优势。在实际工程中，选取地下车库楼盖体系方案时，需要综合考虑项目成本、建筑需求、其他专业需求等因素。

6.4 人防顶板楼盖体系比选

本节结合 8.4m 及 9m 两组常用柱网尺寸，针对 5 种地下车库常用楼盖体系展开系统研究，重点考察不同楼盖体系对结构项目成本影响。主次梁截面、无梁楼盖柱帽尺寸依据工程常用尺寸选取，依据不同楼盖体系选取最优楼板厚度，分别统计各楼盖体系材料用量。

人防顶板楼盖体系设计荷载及构件尺寸如下：

（1）荷载条件：恒荷载 $2.5kN/m^2$、活荷载 $4.0kN/m^2$（有次梁方案）、活荷载 $2.5kN/m^2$（大板方案）、人防荷载 $55kN/m^2$（核六级）。

（2）柱网尺寸：8.4m×8.4m、9m×9m、5 跨×5 跨。

（3）主梁尺寸：500mm×700mm/800mm、600mm×800mm/900mm。

（4）次梁尺寸：300mm×700mm/800mm、350mm/400mm×800mm。

（5）楼板厚度：250mm、300mm。

为避免地震作用对统计结果产生影响，只统计楼盖体系材料用量，即只统计计算楼板及梁材料用量，其中，人防顶板楼板配筋采用塑性计算方法。按 8.4m 柱网尺寸计算 5 种楼盖体系的单位面积结构材料用量（人防顶板楼盖）如表 6-5 所示。按 9m 柱网尺寸计算 5 种楼盖体系的单位面积结构材料用量（人防顶板楼盖）如表 6-6 所示。

按 8.4m 柱网尺寸计算 5 种楼盖体系的单位面积结构材料用量（人防顶板楼盖）　　表 6-5

楼盖体系方案	主梁尺寸 （mm×mm）	次梁尺寸 （mm×mm）	板厚 （mm）	混凝土用量 （m^3/m^2）	混凝土用量比值	钢筋用量 （kg/m^2）	钢筋用量比值
大板方案	500×700/800	—	300	0.358	约 105%	56.89	100%
单次梁方案	600×800/900	350/400×800	250	0.363	约 106%	65.21	约 115%
双次梁方案	500/600×800	300×800	250	0.370	约 108%	66.83	约 117%
交叉次梁方案	500×800	300×700/800	250	0.342	100%	69.00	约 121%
无梁楼盖方案	4200×4200×700	—	300	0.361	约 106%	74.83	约 132%

按 9m 柱网尺寸计算 5 种楼盖体系的单位面积结构材料用量（人防顶板楼盖）　　表 6-6

楼盖体系方案	主梁尺寸 （mm×mm）	次梁尺寸 （mm×mm）	板厚 （mm）	混凝土用量 （m^3/m^2）	混凝土用量比值	钢筋用量 （kg/m^2）	钢筋用量比值
大板方案	500×700/800	—	300	0.354	约 101%	57.75	100%
单次梁方案	600×800/900	350/400×800	250	0.356	约 102%	62.89	约 109%
双次梁方案	500/600×800	300×800	250	0.362	约 103%	62.90	约 109%
交叉次梁方案	500×800	300×700/800	250	0.350	100%	65.39	约 113%
无梁楼盖方案	4200×4200×700	—	300	0.377	约 108%	72.25	约 125%

依据8.4m柱网尺寸及9m柱网尺寸两组模型计算统计结果可以得出以下结论:

(1)两组计算模型均选取5跨×5跨进行计算,计算假设接近实际工程中的应用,结构计算的荷载条件、梁尺寸及楼板厚度与实际工程中选用的构件尺寸相符,计算得出数据与实际工程相近。

(2)两组不同柱网尺寸计算模型计算条件除跨度外,其他条件一致,排除其他因素对计算结果产生的干扰,计算结果有效。

(3)由8.4m柱网尺寸计算模型可知,人防顶板有板厚250mm的构造要求,加之人防荷载的特殊性,人防顶板允许带裂缝工作,可采用塑性算法进行配筋。大板方案在人防顶板中的应用可以有效地控制项目成本,较其他方案有明显的优势,因此,建议人防顶板优先选用大板方案。

(4)由9m柱网尺寸计算模型可知,人防顶板有板厚250mm的构造要求,加之人防荷载的特殊性,人防顶板允许带裂缝工作,可采用塑性算法进行配筋。大板方案在人防顶板中的应用可以有效地控制项目成本,较其他方案有明显的优势,因此,建议人防顶板优先选用大板方案。

因此,我们可以认为单从项目成本控制方面考虑,大板方案可作为人防顶板楼盖体系的优选方案,并且较大梁格亦有利于机电专业管线排布。但是,从净高需求影响方面看,无梁楼盖可提供较为灵活的层高,满足层高需求,此为无梁楼盖在人防顶板楼盖体系选择中的优势。在实际工程中,选取人防顶板楼盖体系方案时,需要综合考虑项目成本、建筑需求、其他专业需求等因素。

6.5 地下室顶板室内区域楼盖体系比选

结构设计中通常将地下室顶板作为嵌固端,嵌固端楼板有最小厚度180mm的构造要求,使用双次梁及交叉次梁方案,仍不可减小楼板厚度,加之嵌固端楼板最小配筋率的要求较高,故双次梁方案及交叉次梁方案必会引起工程成本的增加,本节将只分析单次梁与大板结构的成本的影响。对本节结合8.4m及9m柱网尺寸针对2种地下车库常用楼盖体系展开系统研究,重点考察不同楼盖体系对结构项目成本的影响。主次梁截面依据工程常用尺寸选取,分别统计各楼盖体系的材料用量。

地下室顶板室内区域楼盖体系设计荷载及构件尺寸如下:

(1)荷载条件:恒荷载2.5kN/m²、活荷载5.0kN/m²(首层施工堆载)。

(2)柱网尺寸:8.4m×8.4m、9m×9m、5跨×5跨。

(3)主梁尺寸:350mm×600mm、350mm×700mm。

(4)次梁尺寸:300mm×600mm。

(5)楼板厚度:180mm、250mm。

为避免地震作用对统计结果产生影响,只统计楼盖体系材料用量,即只统计计算楼板及梁材料用量。按8.4m柱网尺寸计算2种楼盖体系的单位面积结构材料用量(地下室顶板室内区域楼盖)如表6-7所示,按9m柱网尺寸计算2种楼盖体系的单位面积结构材料用量(地下室顶板室内区域楼盖)如表6-8所示。

依据8.4m柱网尺寸及9m柱网尺寸两组模型计算统计结果可以得出以下结论:

按 8.4m 柱网尺寸计算 2 种楼盖体系的单位面积结构材料用量（地下室顶板室内区域楼盖）

表 6-7

楼盖体系方案	主梁尺寸 （mm×mm）	次梁尺寸 （mm×mm）	板厚 （mm）	混凝土用量 （m³/m²）	混凝土用量 比值	钢筋用量 （kg/m²）	钢筋用量 比值
大板方案	350×600	—	250	0.283	约 118%	29.72	约 117%
单次梁方案	350×600/700	300×600	180	0.239	100%	25.32	100%

按 9m 柱网尺寸计算 2 种楼盖体系的单位面积结构材料用量（地下室顶板室内区域楼盖）

表 6-8

楼盖体系方案	主梁尺寸 （mm×mm）	次梁尺寸 （mm×mm）	板厚 （mm）	混凝土用量 （m³/m²）	混凝土用量 比值	钢筋用量 （kg/m²）	钢筋用量 比值
大板方案	350×600	—	250	0.281	约 120%	25.67	约 127%
单次梁方案	350×600/700	300×600	180	0.235	100%	20.27	100%

（1）两组计算模型均选取 5 跨×5 跨进行计算，计算假设接近实际工程中的应用，结构计算的荷载条件、梁尺寸及楼板厚度与实际工程中选用的构件尺寸相符，计算得出数据与实际工程相近。

（2）两组不同柱网尺寸计算模型计算条件除跨度外，其他条件一致，排除其他因素对计算结果产生的干扰，计算结果有效。

（3）由 8.4m 柱网尺寸计算模型可知，地下室顶板构造要求最小板厚为 180mm，因此，可初步排除双次梁及交叉次梁楼盖体系，嵌固端地上结构相关范围内不可采用无梁楼盖体系，在满足上述条件下，从项目成本控制方面可断定单次梁方案有较大优势。

（4）由 9m 柱网尺寸计算模型可知，地下室顶板构造要求最小板厚为 180mm，因此，可初步排除双次梁及交叉次梁楼盖体系，嵌固端地上结构相关范围内不可采用无梁楼盖体系，在满足上述条件下，从项目成本控制方面可断定单次梁方案有较大优势。

因此，我们可以认为单从项目成本控制方面考虑，单次梁方案可作为地下室顶板室内区域楼盖体系的优选方案，并且较大梁格亦有利于机电专业管线的排布。在实际工程中，选取地下室顶板室内区域楼盖体系方案时，需要综合考虑项目成本、建筑需求、其他专业需求等因素。

6.6 地下室顶板室外区域楼盖体系比选

通常会对地下室顶板室外区域建筑的覆土厚度提出要求，以满足建筑美观绿化等相关要求。除覆土荷载要求外，室外区域常作为消防车扑救场地，因此，要求室外区域荷载较大，要求覆土区域的顶板防水混凝土最小厚度为 250mm，故双次梁方案及交叉次梁方案必会引起工程成本的增加，本节将只分析单次梁与大板结构的成本影响。结合 8.4m 柱网尺寸及 9m 柱网尺寸，针对 2 种地下车库常用楼盖体系展开系统研究，重点考察不同楼盖体系对结构项目成本影响。主次梁截面依据工程常用尺寸选取，依据不同楼盖体系选取最优楼板厚度，分别统计各楼盖体系材料用量。

地下室顶板室外区域楼盖体系设计荷载及构件尺寸如下：

（1）荷载条件：恒荷载 33kN/m²（1.8m 景观覆土），活荷载 20×0.81kN/m²（消防

车、大板），35×0.62kN/m²（消防车、单向单次梁）。

  （2）柱网尺寸：8.4m×8.4m、9m×9m、5跨×5跨。

  （3）主梁尺寸：500mm×1000mm、600mm×1100mm。

  （4）次梁尺寸：400mm×900mm、500mm×90mm。

  （5）楼板厚度：250mm、300mm。

  为避免地震作用对统计结果产生影响，只统计楼盖体系材料用量，即只统计计算楼板及梁材料用量。按8.4m柱网尺寸计算2种楼盖体系的单位面积结构材料用量（首层室外覆土区域地下室顶板楼盖）如表6-9所示。按9m柱网尺寸计算2种楼盖体系的单位面积结构材料用量（首层室外覆土区域地下室顶板楼盖）如表6-10所示。

按8.4m跨度计算2种楼盖体系的单位面积结构材料用量

（首层室外覆土区域地下室顶板楼盖） 表6-9

楼盖体系方案	主梁尺寸（mm×mm）	次梁尺寸（mm×mm）	板厚（mm）	混凝土用量（m³/m²）	混凝土用量比值	钢筋用量（kg/m²）	钢筋用量比值
大板方案	500×1000	—	400	0.414	约103%	64.68	100%
单次梁方案	500×1000 600×1100	400/500×900	250	0.401	100%	76.84	约119%

按9m跨度计算2种楼盖体系的单位面积结构材料用量

（首层室外覆土区域地下室顶板楼盖） 表6-10

楼盖体系方案	主梁尺寸（mm×mm）	次梁尺寸（mm×mm）	板厚（mm）	混凝土用量（m³/m²）	混凝土用量比值	钢筋用量（kg/m²）	钢筋用量比值
大板方案	500×1000	—	550	0.612	约156%	74.85	100%
单次梁方案	500×1000 600×1100	400/500×900	250	0.392	100%	83.75	约112%

  依据8.4m柱网尺寸及9m柱网尺寸两组模型计算统计结果可以得出以下结论：

  （1）两组计算模型均选取5跨×5跨进行计算，计算假设接近实际工程中的应用，结构计算的荷载条件、梁尺寸与实际工程中选用的构件尺寸相符，由于室外区域荷载较大，楼板裂缝为楼板厚度控制因素，楼板厚度分别取400mm、550mm，计算数据与实际数据相近。

  （2）两组不同柱网尺寸计算模型计算条件除跨度及楼板厚度外，其他条件一致，排除其他因素对计算结果产生的干扰，计算结果有效。

  （3）由8.4m柱网尺寸计算模型可知，地下室顶板室外区域楼板裂缝为楼板厚度控制因素，根据上述统计结果可以断定：地下室顶板室外区域中，采用大板方案对项目成本控制较为有利。

  （4）由9m柱网尺寸计算模型可知，地下室顶板室外区域楼板裂缝为楼板厚度控制因素，根据上述统计结果可以断定：地下室顶板室外区域中，采用大板方案对项目成本控制较为有利。

  因此，我们可以认为仅从项目成本控制方面考虑，大板方案可作为地下室顶板室外区域楼盖体系优选方案，根据覆土厚度不同，对具体项目仍需具体分析，对其他情况不再一一列举。在实际工程中，选取地下室顶板室外楼盖体系方案时，需要综合考虑项目成本、建筑需求、其他专业需求等因素。

第7章 抗侧力体系（剪力墙部分）合理化设计案例分析

7.1 框架—核心筒结构剪力墙材料用量影响因素案例研究

在框架—核心筒结构体系中，结构剪力墙设计方案优劣的影响因素众多，实际设计过程中除了依托工程经验和结构计算结果外，还需要挑选重点方向予以研究。依据框架—核心筒结构剪力墙本身的力学特点和工程设计重点，本节选取筒体布置方案、墙肢长度及开洞方案、连梁方案作为典型影响因素，研究其对于结构剪力墙材料用量的影响，研究结论可以作为类似工程设计方法的技术支撑。

筒体布置方案、墙肢长度及开洞方案、连梁方案，3个主要影响因素的选择原因说明如下：

1）筒体布置方案。对于框架—核心筒结构体系，筒体布置方案对于结构整体的抗侧力效率有显著影响，选择合理的剪力墙筒体布置方式，对于改善筒体受力特性，提高筒体利用效率效果明显。选择该内容作为第1个典型影响因素进行研究。

2）墙肢长度及开洞方案。在常规工程设计流程中，剪力墙墙肢长度及开洞方案是重要设计决策内容之一，合理选择高效的墙肢长度及开洞方案，对于调整结构整体的抗侧刚度，提升竖向构件的承载效率，合理降低墙体配筋具有显著效益。选择墙肢长度及开洞方案作为第2个典型影响因素进行研究。

3）连梁方案。在框架—核心筒结构体系中，以剪力墙筒体作为主要抗侧力构件。剪力墙筒体作为第一道防线，框架部分作为第二道防线，而连接各片剪力墙墙肢的连梁对于整片墙体或筒体整体的抗侧刚度及抗侧力工作模式具有重要意义。在常规工程项目设计中，连梁部分的高度设定及长度设定非常容易被忽视，而实际设计经验表明：合理地调整连梁高度和长度，对于控制主体结构扭转效应、提升主体结构抗侧刚度、合理地调整抗侧力刚度分配具有重要意义。选择连梁方案作为第3个典型影响因素进行研究。

1. 研究内容

据前文所述，本节以筒体布置方案、墙肢长度及开洞方案、连梁高度作为3个典型影响因素，研究其对于筒体剪力墙结构材料用量的影响趋势和敏感程度，主要研究内容包括：

1）筒体剪力墙外筒与内墙布置方案对剪力墙结构材料用量的影响趋势和敏感性程度。

2）剪力墙墙肢长度及其相对应的开洞数量对剪力墙结构材料用量的影响趋势和敏感性程度。

3）剪力墙洞口位置连梁高度设定方案，包括连梁高度和连梁长度，对剪力墙结构材料用量的影响趋势和敏感性程度。

2. 案例概况

案例 1 为高度 100m 的浙江宁波某超高层项
目，抗震设防烈度为 6 度（0.05g），框架—核
心筒结构，浙江宁波某超高层项目标准层平面
图如图 7-1 所示。

案例 2 为高度 150m 的上海某超高层项目，
抗震设防烈度为 7 度（0.10g），框架—核心筒
结构，上海某超高层项目标准层平面图如图 7-2
所示。

案例 3 为内蒙古鄂尔多斯某项目，抗震设
防烈度为 7 度（0.10g），高度为 148m，框架—
核心筒结构，内蒙古鄂尔多斯某项目标准层平面图如图 7-3 所示。

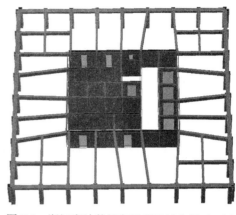

图 7-1　浙江宁波某超高层项目标准层平面图

案例 4 为宁夏银川某项目，抗震设防烈度为 8 度（0.20g），高度为 147m，框架—核
心筒结构，宁夏银川某项目标准层平面图如图 7-4 所示。

3. 筒体布置方案及其影响分析

7.1 节中 2. 案例 1 的 3 个筒体布置方案平面
简图如图 7-5 所示。案例 1 的 3 个筒体布置方案
材料用量统计表如表 7-1 所示。

7.1 节中 2. 案例 2 的 3 个筒体布置方案平面
简图如图 7-6 所示。案例 2 的 3 个筒体布置方案
材料用量统计表如表 7-2 所示。

7.1 节中 2. 案例 3 的 3 个筒体布置方案平面
简图如图 7-7 所示。案例 3 的 3 个筒体布置方案

图 7-2　上海某超高层项目
标准层平面图

材料用量统计表如表 7-3 所示。

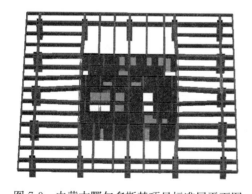

图 7-3　内蒙古鄂尔多斯某项目标准层平面图

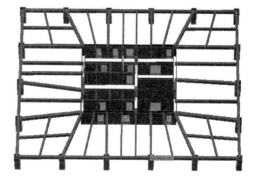

图 7-4　宁夏银川某项目标准层平面图

7.1 节中 2. 案例 4 的 3 个筒体布置方案平面简图如图 7-8 所示。案例 4 的 3 个筒体布
置方案材料用量统计表如表 7-4 所示。

依据案例 1～案例 4 的试算统计结果，主要结论说明如下：

（1）随着结构筒体布置方案调整，内墙数量减少时，剪力墙钢筋用量降低。

（2）随着结构筒体布置方案调整，内墙数量减少时，结构整体钢筋用量降低。

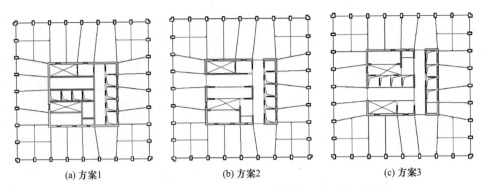

(a) 方案1　　　　　(b) 方案2　　　　　(c) 方案3

图 7-5　7.1 节中 2. 案例 1 的 3 个筒体布置方案平面简图

7.1 节中 2. 案例 1 的 3 个筒体布置方案材料用量统计表　　　　表 7-1

方案编号	墙钢筋用量（kg/m²）	钢筋总量（m³/m²）	混凝土总量（m³/m²）
方案 1	10.80	41.78	0.37
方案 2	9.40	41.05	0.34
方案 3	8.60	39.75	0.32

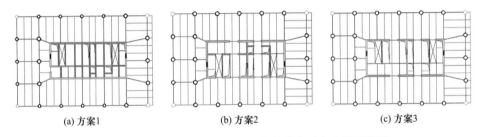

(a) 方案1　　　　　(b) 方案2　　　　　(c) 方案3

图 7-6　7.1 节中 2. 案例 2 的 3 个筒体布置方案平面简图

7.1 节中 2. 案例 2 的 3 个筒体布置方案材料用量统计表　　　　表 7-2

方案编号	墙钢筋用量（kg/m²）	钢筋总量（m³/m²）	混凝土总量（m³/m²）
方案 1	22.40	73.44	0.49
方案 2	16.50	72.01	0.42
方案 3	14.60	69.24	0.40

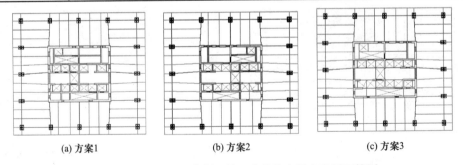

(a) 方案1　　　　　(b) 方案2　　　　　(c) 方案3

图 7-7　7.1 节中 2. 案例 3 的 3 个筒体布置方案平面简图

（3）随着结构筒体布置方案调整，内墙数量减少时，结构整体混凝土用量降低。

（4）随着结构筒体布置方案调整，内墙数量减少时，结构整体钢筋用量减少，主要为剪力墙钢筋用量减少。

方案编号	墙钢筋用量（kg/m²）	钢筋总量（m³/m²）	混凝土总量（m³/m²）
方案 1	15.00	55.95	0.38
方案 2	14.50	55.52	0.37
方案 3	13.10	54.23	0.35

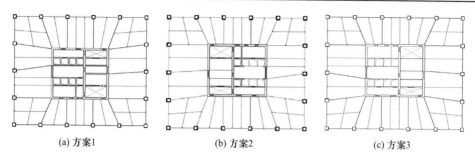

(a) 方案1   (b) 方案2   (c) 方案3

图 7-8   7.1 节中 2. 案例 4 的 3 个筒体布置方案平面简图

7.1 节中 2. 案例 4 的 3 个筒体布置方案材料用量统计表   表 7-4

方案编号	墙钢筋用量（kg/m²）	钢筋总量（m³/m²）	混凝土总量（m³/m²）
方案 1	20.80	61.21	0.41
方案 2	19.10	60.77	0.39
方案 3	17.70	59.85	0.37

（5）在框架—核心筒结构体系中，在保证满足规范指标和筒内楼盖搭建的基本前提下，适当减少内墙布置数量，将有限资源用于核心筒外墙的强化，可以有效地减少剪力墙钢筋用量和结构整体钢筋用量。主要原因为内墙部分对结构整体抗侧刚度贡献较小，但依然占用大量分布钢筋和边缘构件，结构材料用量不低，但是实际抗侧力工作效率相对较低。适当减少内墙数量相当于在整体层面提升筒体剪力墙的工作效率，结构材料用量相对降低。

4. 墙肢长度与开洞方案及其影响分析

7.1 节中 2. 案例 1 的 3 个墙肢开洞方案平面简图如图 7-9 所示。7.1 节中 2. 案例 1 的 3 个墙肢开洞方案材料用量统计表如表 7-5 所示。

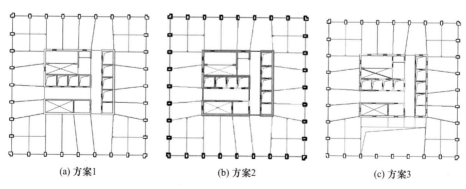

(a) 方案1   (b) 方案2   (c) 方案3

图 7-9   7.1 节中 2. 案例 1 的 3 个墙肢开洞方案平面简图

7.1 节中 2. 案例 2 的 3 个墙肢开洞方案平面简图如图 7-10 所示。7.1 节中 2. 案例 2 的 3 个墙肢开洞方案材料用量统计表如表 7-6 所示。

方案编号	墙钢筋用量（kg/m²）	钢筋总量（m³/m²）	混凝土总量（m³/m²）
方案 1	9.80	40.05	0.37
方案 2	10.20	40.54	0.36
方案 3	10.90	41.37	0.33

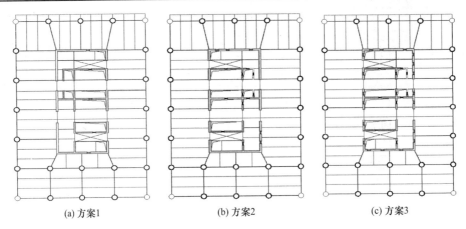

(a) 方案1　　　　　　　(b) 方案2　　　　　　　(c) 方案3

图 7-10　7.1 节中 2. 案例 2 的 3 个墙肢开洞方案平面简图

7.1 节中 2. 案例 2 的 3 个墙肢开洞方案材料用量统计表　　表 7-6

方案编号	墙钢筋用量（kg/m²）	钢筋总量（m³/m²）	混凝土总量（m³/m²）
方案 1	16.70	70.75	0.43
方案 2	17.20	71.17	0.42
方案 3	18.20	71.92	0.41

7.1 节中 2. 案例 3 的 3 个墙肢开洞方案平面简图如图 7-11 所示。7.1 节中 2. 案例 3 的 3 个墙肢开洞方案材料用量统计表如表 7-7 所示。

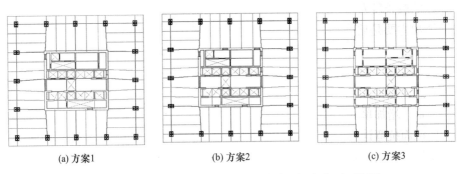

(a) 方案1　　　　　　　(b) 方案2　　　　　　　(c) 方案3

图 7-11　7.1 节中 2. 案例 3 的 3 个墙肢开洞方案平面简图

7.1 节中 2. 案例 3 的 3 个墙肢开洞方案材料用量统计表　　表 7-7

方案编号	墙钢筋用量（kg/m²）	钢筋总量（m³/m²）	混凝土总量（m³/m²）
方案 1	14.5	55.43	0.37
方案 2	15.5	56.46	0.36
方案 3	16.4	58.03	0.35

7.1 节中 2. 案例 4 的 3 个墙肢开洞方案平面简图如图 7-12 所示。7.1 节中 2. 案例 4 的 3 个墙肢开洞方案材料用量统计表如表 7-8 所示。

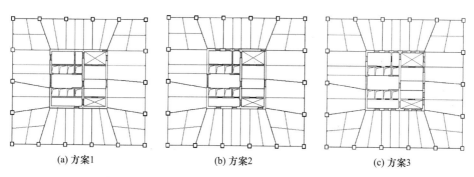

(a) 方案1　　　　　　　　(b) 方案2　　　　　　　　(c) 方案3

图 7-12　7.1 节中 2. 案例 4 的 3 个墙肢开洞方案平面简图

7.1 节中 2. 案例 4 的 3 个墙肢开洞方案材料用量统计表　　表 7-8

方案编号	墙钢筋用量（kg/m²）	钢筋总量（m³/m²）	混凝土总量（m³/m²）
方案 1	18.70	60.71	0.38
方案 2	19.00	61.11	0.37
方案 3	20.50	63.23	0.36

依据案例 1～案例 4 的试算统计结果，得出如下主要结论：

（1）随着墙肢长度及洞口布置方案调整，增设结构洞口，墙肢长度减少时，剪力墙钢筋用量对应增加。

（2）随着墙肢长度及洞口布置方案调整，增设结构洞口，墙肢长度减少时，结构整体钢筋用量对应增加。

（3）随着墙肢长度及洞口布置方案调整，增设结构洞口，墙肢长度减少时，结构整体混凝土用量略有减少。

（4）随着墙肢长度及洞口布置方案调整，增设结构洞口，墙肢长度减少时，结构整体钢筋用量的增加主要是剪力墙钢筋用量增加所致。

（5）在框架—核心筒结构体系中，在保证满足规范指标及建筑、设备专业要求开洞的基本前提下，适当减少结构洞口布置数量，增加单片墙肢长度，充分提升单片墙肢的抗侧刚度，可以有效地减少剪力墙钢筋用量（仅轻微引起混凝土用量变化）。主要原因是：为减少结构开洞数量，增加单片墙肢长度，可以有效地增加单片墙肢的抗侧力计算截面高度，充分提升剪力墙截面抗弯计算工作效率，实际上相当于极大程度提升了单片剪力墙的抗侧刚度贡献比例，结构材料用量对应减少。与楼板跨度正相关，大板做法钢筋增加率最大约 23%。

5. 连梁高度及其影响分析

依据 7.1 节中 2. 的 4 个案例，分别设置 3 种连梁高度方案，其中，方案 1 连梁高度 400mm，方案 2 连梁高度 700mm，方案 3 连梁高度 1500mm。

7.1 节中 2. 案例 1 结构方案平面简图如图 7-13 所示。7.1 节中 2. 案例 1 的 3 个连梁高度方案对应的材料用量统计表如表 7-9 所示。

7.1 节中 2. 案例 2 结构方案平面简图如图 7-14 所示。7.1 节中 2. 案例 2 的 3 个连梁高度方案对应的材料用量统计表如表 7-10 所示。

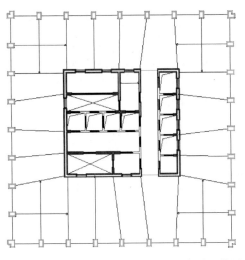

图 7-13　7.1节中2.案例1结构方案平面简图

7.1节中2.案例3结构方案平面简图如图7-15所示。7.1节中2.案例3的3个连梁高度方案对应的材料用量统计表如表7-11所示。

7.1节中2.案例4结构方案平面简图如图7-16所示。7.1节中2.案例4的3个连梁高度方案对应的材料用量统计表如表7-12所示。

依据案例1~案例4的统计结果，主要结论如下：

（1）当连梁高度在700mm以下时，随着墙连梁高度增加，剪力墙钢筋用量和结构整体钢筋用量缓慢增加。

（2）当连梁高度在700mm以上时，随着墙连梁高度增加，剪力墙钢筋用量和结构整体钢筋用量对应增加。

7.1节中2.案例1的3个连梁高度方案对应的材料用量统计表　　　表7-9

方案编号	墙钢筋用量（kg/m²）	钢筋总量（m³/m²）	混凝土总量（m³/m²）
方案1	10.50	10.50	0.35
方案2	11.10	11.10	0.35
方案3	13.40	13.40	0.36

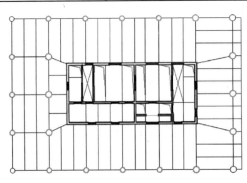

图 7-14　7.1节中2.案例2结构方案平面简图

7.1节中2.案例2的3个连梁高度方案对应的材料用量统计表　　　表7-10

方案编号	墙钢筋用量（kg/m²）	钢筋总量（m³/m²）	混凝土总量（m³/m²）
方案1	16.40	64.68	0.39
方案2	16.60	64.78	0.39
方案3	17.20	65.76	0.40

（3）随着连梁高度增加，结构整体混凝土用量轻微增加，但影响较小，可以基本忽略。

（4）随着连梁高度增加，结构整体钢筋用量的增加主要是剪力墙钢筋用量增加所致。

（5）在框架—核心筒结构体系中，在保证满足规范指标及建筑、设备专业要求门洞高度的基本前提下，单纯增加连梁高度，反而会引起结构材料用量的增加，尤其是连梁高度超过 700mm 时，影响更加明显。主要原因是：连梁的增高导致主体结构抗侧刚度增加，引起主体结构吸收的地震作用增加，结构整体地震响应更加显著，最终，导致剪力墙和整体结构的用钢量增加。

（6）在实际工程中，当抗侧刚度验算困难，需要调整整片墙肢工作效率时，加大连梁高度依然是一种有效的处理手段，且通常情况下依然可以显著降低剪力墙和主体结构材料用量。

6. 连梁长度及其影响分析

依据 7.1 节中 2. 所选择的 4 个案例，分别设置 3 种连梁长度方案，各个方案依次增加结构开洞宽度，其中，方案 1 洞口宽度 900mm，方案 2 洞口宽度 1400mm，方案 3 洞口宽度 2400mm。

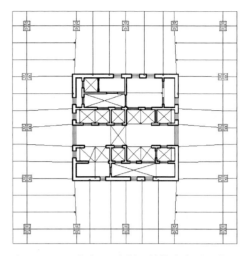

图 7-15　7.1 节中 2. 案例 3 结构方案平面简图

7.1 节中 2. 案例 3 的 3 个连梁高度方案对应的材料用量统计表　　表 7-11

方案编号	墙钢筋用量（kg/m²）	钢筋总量（m³/m²）	混凝土总量（m³/m²）
方案 1	13.30	54.66	0.36
方案 2	13.60	54.78	0.36
方案 3	15.10	55.84	0.37

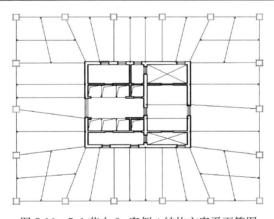

图 7-16　7.1 节中 2. 案例 4 结构方案平面简图

7.1 节中 2. 案例 4 的 3 个连梁高度方案对应的材料用量统计表　　表 7-12

方案编号	墙钢筋用量（kg/m²）	钢筋总量（m³/m²）	混凝土总量（m³/m²）
方案 1	19.50	63.19	0.38
方案 2	19.70	63.31	0.38
方案 3	20.80	64.44	0.39

7.1 节中 2. 案例 1 的 3 个结构方案平面简图如图 7-17 所示。7.1 节中 2. 案例 1 的 3 个连梁长度方案材料用量表如表 7-13 所示。

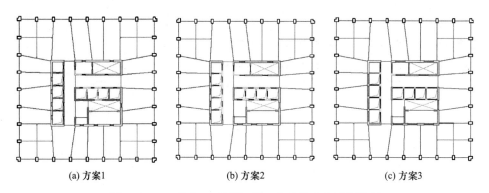

(a) 方案1　　　　　　　　(b) 方案2　　　　　　　　(c) 方案3

图 7-17　7.1 节中 2. 案例 1 的 3 个结构方案平面简图

7.1 节中 2. 案例 1 的 3 个连梁长度方案材料用量表　　　　　表 7-13

方案编号	墙钢筋用量（kg/m²）	钢筋总量（m³/m²）	混凝土总量（m³/m²）
方案 1	10.70	41.03	0.35
方案 2	10.20	40.64	0.33
方案 3	8.40	39.19	0.31

　　7.1 节中 2. 案例 2 的 3 个结构方案平面简图如图 7-18 所示。7.1 节中 2. 案例 2 的 3 个连梁长度方案材料用量表如表 7-14 所示。

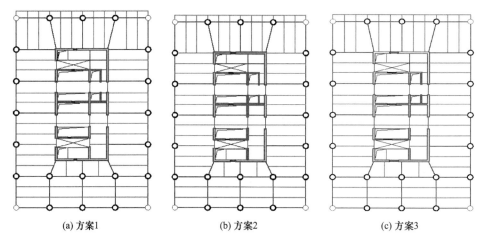

(a) 方案1　　　　　　　　(b) 方案2　　　　　　　　(c) 方案3

图 7-18　7.1 节中 2. 案例 2 的 3 个结构方案平面简图

7.1 节中 2. 案例 2 的 3 个连梁长度方案材料用量表　　　　　表 7-14

方案编号	墙钢筋用量（kg/m²）	钢筋总量（m³/m²）	混凝土总量（m³/m²）
方案 1	16.90	70.75	0.43
方案 2	16.80	70.68	0.43
方案 3	16.30	70.05	0.42

　　7.1 节中 2. 案例 3 的 3 个结构方案平面简图如图 7-19 所示。7.1 节中 2. 案例 3 的 3 个连梁长度方案材料用量表如表 7-15 所示。

　　7.1 节中 2. 案例 4 的 3 个结构方案平面简图如图 7-20 所示。7.1 节中 2. 案例 4 的 3 个连梁长度方案材料用量表如表 7-16 所示。

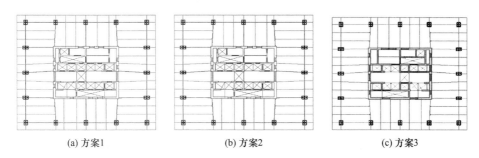

(a) 方案1　　　　　　　(b) 方案2　　　　　　　(c) 方案3

图7-19　7.1节中2.案例3的3个结构方案平面简图

7.1节中2.案例3的3个连梁长度方案材料用量表　　　　表7-15

方案编号	墙钢筋用量（kg/m²）	钢筋总量（m³/m²）	混凝土总量（m³/m²）
方案1	15.60	56.52	0.38
方案2	15.10	55.97	0.37
方案3	13.20	54.33	0.35

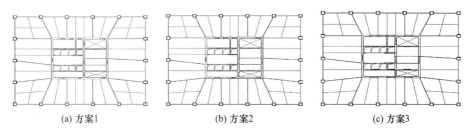

(a) 方案1　　　　　　　(b) 方案2　　　　　　　(c) 方案3

图7-20　7.1节中2.案例4的3个结构方案平面简图

7.1节中2.案例4的3个连梁长度方案材料用量表　　　　表7-16

方案编号	墙钢筋用量（kg/m²）	钢筋总量（m³/m²）	混凝土总量（m³/m²）
方案1	20.30	55.53	0.40
方案2	19.20	54.8	0.39
方案3	17.50	54.12	0.37

依据案例1～案例4的试算统计结果，主要结论如下：

（1）当连梁高度在1400mm以下时，随着墙连梁长度增加，剪力墙钢筋用量和结构整体钢筋用量缓慢减少。

（2）当连梁高度在1400mm以上时，随着墙连梁长度增加，剪力墙钢筋用量和结构整体钢筋用量对应减少。

（3）随着连梁长度增加，结构整体混凝土用量轻微减少。

（4）随着连梁长度增加，结构整体钢筋用量减少，主要为剪力墙钢筋用量降低的影响所致。

（5）在框架—核心筒结构体系中，在保证满足规范指标及建筑、设备专业要求门洞宽度的基本前提下，单纯减小连梁长度，缩减洞口宽度，反而会引起结构材料用量的增加，尤其是连梁长度超过1400mm时，影响更加明显。主要原因是连梁变短，导致主体结构抗侧刚度增加，引起主体结构吸收的地震作用增加，结构整体地震响应更加显著，最终导致剪力墙部分和整体结构的用钢量增加。

（6）在实际工程中，当抗侧刚度验算困难，需要减少连梁长度来调整整片墙肢工作效率时，减小洞口宽度依然是一种有效的处理手段，且通常情况下依然可以显著降低剪力墙和主体结构材料用量。

7.2　高层建筑剪力墙筒体合理化设计方法案例分析

现阶段，常规设计单位对于高层建筑剪力墙筒体的结构设计过程，主要还是以建筑方案为基础，以结构工程师的工程经验为依托，综合考虑概念设计和结构计算，以半经验、半分析的方式展开。由于结构规范的控制因素，上述方法对于剪力墙筒体的结构安全性控制相对较好，而对于其结构经济合理性考虑相对偏少，而且通常仅以更加贴近规范指标限值等模糊且并非一定准确的规则进行控制，是否满足设计合理性需求有待研究。

基于上述原因，有效地构建高层建筑剪力墙合理化设计方法是十分必要的，本节以两个实际工程案例为依托，对具体的合理化设计方法进行了案例层面的研究分析，并依据分析结果整理了通用性质适用结论，可作为常规工程设计参考方法。拟实现的主要研究目的包括：

（1）为高层建筑方案阶段结构剪力墙筒体布置方法提供概念性指导。

（2）为高层建筑剪力墙筒体各个设计方面提供通俗易懂的指导性设计准则，简化设计流程，提高设计效率。

（3）通过运用高层建筑剪力墙筒体合理化设计方法，有效地改善结构剪力墙筒体设计的合理属性，减少工程造价。

1. 研究内容及方法

高层建筑剪力墙筒体的结构涉及内容非常丰富，从平面布置、竖向布置到墙肢、连梁设计方法，如果需要全面研究会因为自变量过多，使得研究结论分析困难。

基于上述原因，本节不考虑将建筑专业决策为主的筒体平面布置和竖向布置作为主要研究对象，转而将结构专业话语权更加显著的筒体布置方案、墙肢设计方法和连梁设置方案作为重点研究对象。主要研究内容包括：

（1）剪力墙筒体布置方案研究。主要针对外筒及内墙的布置原则，及其对结构合理性和结构经济性影响的研究。

（2）剪力墙筒体墙肢设计方法的研究。主要针对墙肢长度及墙肢开洞原则，及其对结构合理性和结构经济性影响的研究。

（3）连梁设置方案的研究。主要针对连梁高度调整对剪力墙筒体结构合理性及经济性影响的研究。

本节以两个实际工程案例作为研究基础。鉴于实际工程项目结构设计的繁琐流程，为有效地排除虚拟案例与真实案例在设计合理性和设计深度方面的显著差异，只有选用实际工程案例的分析结果才能将这些影响因素的作用效果最直接和真实地体现，故选用实际工程案例是获得真实研究结论的必要保障。本节依托设计单位充足的实际工程案例，选择具有典型代表性意义的两个工程案例，为深入计算、分析提供了必要的数据保障。以优化设计准则的模式将高层建筑剪力墙筒体设计的基本要点予以提炼，构成一套行之有效的设计指导流程，充分论证了设计合理性和设计经济性之间相辅相成的共存关系：设计合理性是设计经济性的必要保证，设计经济性是设计合理性的有效验证。

2. 案例概况

案例1选用高层建筑最为常见的框架—核心筒结构体系，结构高度约100m，设防烈度为8度（0.2g）。案例1标准层平面图及空间计算模型如图7-21、图7-22所示。

图7-21　案例1标准层平面图

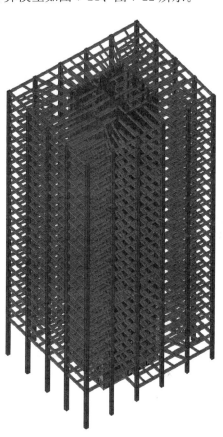

图7-22　案例1空间计算模型

案例2选用高层建筑相对常见的框架—剪力墙结构体系，在核心区域局部设置筒体，结构高度约100m，抗震设防烈度为8度（0.2g）。案例2标准层平面图及空间计算模型如图7-23、图7-24所示。

3. 7.2节中2. 案例1主要设计方案及分析

7.2节中2. 案例1方案1原始计算模型标准层平面如图7-25所示。

由于上述计算模型的层间位移角距离规范限值尚有一定余量，依据常规结构经验设计方法，对7.2节中2.方案1的剪力墙筒体进行侧向刚度消减，增加墙体开洞，构成方案2，具体如图7-26所示。

方案2的剪力墙洞口显著增加，结构的整体抗侧刚度有所削弱，层间位移角计算结果贴近规范限值，符合常规经验的结构合理化设计概念。

作为对比模型，设置方案3，该方案不以削减主体结构的抗侧刚度作为主要目的，转而以调整墙体在外筒和内墙之间的布置比例为主要手段，适当削减内墙、加强外筒，具体如图7-27所示。

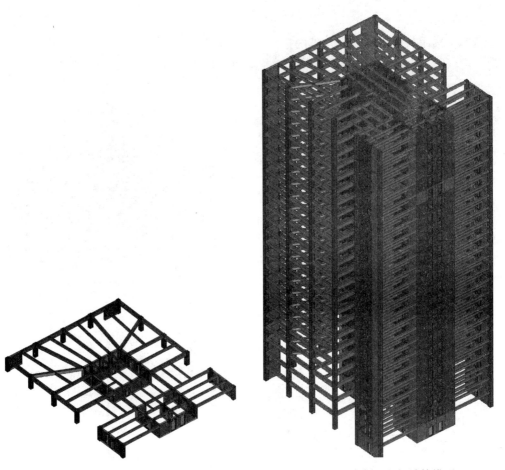

图 7-23　案例 2 标准层平面图　　　　　　　　图 7-24　案例 2 空间计算模型

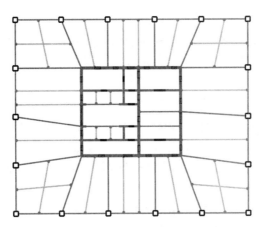

图 7-25　7.2 节中 2. 案例 1 方案 1 原始计算模型标准层平面图

　　方案 3 的核心筒内部剪力墙进行了尽可能削减，仅保留了核心筒内搭建结构梁系楼盖的最低标准。同时对外筒的墙体进行了适当加强，减少了外筒开洞，加大了外筒墙肢长度，仅保留了最低标准的开洞数量，尽量不设置或减少设置结构洞口。

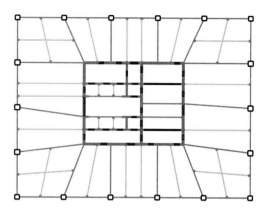

图 7-26 7.2 节中 2. 案例 1 方案 2（增加墙体开洞）标准层平面图

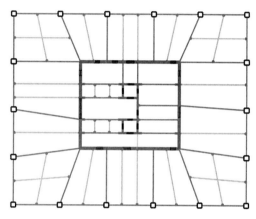

图 7-27 7.2 节中 2. 案例 1 方案 3（削减内墙、加强外筒）标准层平面图

上述 3 种方案的结构材料用量表如表 7-17～表 7-20 所示。

7.2 节中 2. 案例 1 方案 1 结构材料用量表   表 7-17

方案 1	梁	柱	板	墙	合计
钢筋（kg/m²）	23.20	12.55	11.25	40.30	87.30
混凝土（m³/m²）	0.38				0.38

7.2 节中 2. 案例 1 方案 2 结构材料用量表   表 7-18

方案 2	梁	柱	板	墙	合计
钢筋（kg/m²）	22.51	7.68	11.21	56.58	97.98
混凝土（m³/m²）	0.38				0.38

7.2 节中 2. 案例 1 方案 3 结构材料用量表   表 7-19

方案 3	梁	柱	板	墙	合计
钢筋（kg/m²）	23.29	7.49	11.21	32.43	74.42
混凝土（m³/m²）	0.36				0.36

依据表 7-17～表 7-20 所示的分析结果，具体整理如下：

（1）筒体剪力墙的结构布置调整，对楼板钢筋用量的影响可以忽略。

案例 1 各方案材料用量统计汇总　　　　　　　　　　　　表 7-20

方案编号	钢筋	混凝土	房屋高度（m）	结构体系
方案 1	约 117%	约 106%	100	框架—核心筒
方案 2	约 132%	约 106%	100	框架—核心筒
方案 3	100%	100%	100	框架—核心筒

（2）筒体剪力墙的结构布置调整，对结构梁钢筋用量的影响可以忽略。

（3）方案 2 和方案 3 的调整，对框架柱的钢筋用量均有显著的削减作用，增加开洞和削减内墙、加强外筒两种方式均可以较为明显地降低框架柱钢筋用量。

（4）方案 2 的剪力墙钢筋用量并未由于增加开洞，抗侧刚度降低而有所下降，反而出现了较为明显的上升。原因为，估计采用增加开洞，降低刚度方案后，虽然主体结构地震响应有一定程度降低，但是短小墙肢的增加，抗侧力截面计算高度的降低，且开洞增加后，边缘构件数量显著增多，导致剪力墙用钢量大幅度提升，已经远远超过地震响应减小带来的有利影响。

（5）方案 3 的剪力墙钢筋用量显著降低。原因如下：

① 方案 3 由于是对内墙削减、外筒加强（注：减少开洞、加大墙肢长度），虽然剪力墙总量有所降低，但是对抗侧力贡献起主要作用的外筒得到了有效加强，主体结构的抗侧刚度实际上不降反升，墙肢抗侧力计算截面高度提升，抗侧力工作效率提升，墙体钢筋用量显著降低。

② 方案 3 由于是对内墙削减、外筒加强，剪力墙总量，尤其是对抗侧刚度贡献不大的内墙墙肢显著减少，边缘构件数量对应减少，实现剪力墙用钢量大幅度降低。

（6）3 个方案综合比较，高层建筑中，筒体剪力墙钢筋用量比例最高，其用量变化对整体结构钢筋用量的影响也最为显著，能够基本覆盖梁、板、柱等其他构件的钢筋用量影响。

（7）3 个方案综合比较，方案一（原始方案）和方案二（增加开洞）的结构混凝土用量基本相当。方案 3 由于对内墙进行了适量削减，结构混凝土用量有一定程度降低，低于之前两个方案。

（8）方案 2 采取的增加开洞，降低主体结构抗侧刚度，尽量匹配规范层间位移角最低限值的方法并不能有效降低主体结构钢筋用量和混凝土用量，反而会导致结构成本有所上升，不是优选方案。

（9）方案 3 采用削减内墙、加强外筒方案，可以有效加强外筒的工作效率，同时削减对主体结构抗侧刚度贡献较小的内墙墙肢。一方面，可以显著降低主体结构的钢筋用量；另一方面，也可以适量降低主体结构的混凝土用量。

4．7.2 节中 2.案例 2 主要设计方案及分析

7.2 节中 2.案例 2 方案 1 原始计算模型标准层平面如图 7-28 所示。

对剪力墙筒体的外筒加强、削减内墙，得到 7.2 节中 2.案例 2 方案 2 标准层平面图如图 7-29 所示。

7.2 节中 2.案例 2 方案 2 的筒体内部剪力墙进行了尽可能削减，仅保留了核心筒内搭建结构梁系楼盖的最低标准。

针对上述结构方案进行进一步处理，对筒体洞口位置，没有设备出线要求（注：有设

备出线要求的洞口连梁高度依然选择常规高度）的连梁进行适当加强，连梁高度直接取门洞顶，7.2 节中 2. 案例 2 方案 3（连梁加强）标准层平面图如图 7-30 所示。

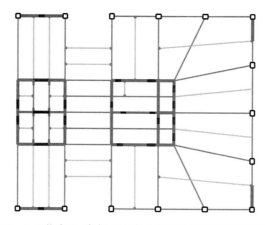

图 7-28　7.2 节中 2. 案例 2 方案 1 原始计算模型标准层平面图

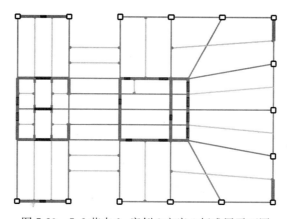

图 7-29　7.2 节中 2. 案例 2 方案 2 标准层平面图

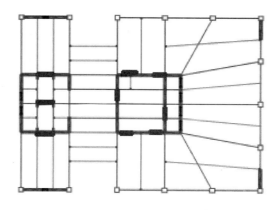

图 7-30　7.2 节中 2. 案例 2 方案 3（连梁加强）标准层平面图

7.2 节中 2. 案例 2 方案 3 的主要外筒墙体洞口位置连梁都进行了适度加高，连梁高直接取门洞顶，整个筒体的抗侧刚度进一步提升。

上述 3 种方案的结构材料用量表如表 7-21～表 7-24 所示。

7.2 节中 2. 案例 2 方案 1 结构材料用量表　　　　　　　　　　　　　　　表 7-21

方案 1	梁	柱	板	墙	合计
钢筋（kg/m²）	23.83	4.73	11.04	68.23	107.83
混凝土（m³/m²）	0.43				0.43

7.2 节中 2. 案例 2 方案 2 结构材料用量表　　　　　　　　　　　　　　　表 7-22

方案 2	梁	柱	板	墙	合计
钢筋（kg/m²）	24.07	4.86	11.04	56.66	96.63
混凝土（m³/m²）	0.41				0.41

7.2 节中 2. 案例 2 方案 3 结构材料用量表　　　　　　　　　　　　　　　表 7-23

方案 3	梁	柱	板	墙	合计
钢筋（kg/m²）	24.46	4.71	11.04	45.50	85.71
混凝土（m³/m²）	0.41				0.41

案例 2 各个方案材料用量统计汇总　　　　　　　　　　　　　　　表 7-24

方案编号	钢筋	混凝土	房屋高度（m）	结构体系
方案 1	约 126%	约 105%	100	框架—剪力墙
方案 2	约 113%	100%	100	框架—剪力墙
方案 3	100%	100%	100	框架—剪力墙

依据表 7-21～表 7-24 所示的分析结果，得到如下结论：

1）筒体剪力墙的结构布置调整，对楼板钢筋用量的影响可以忽略。

2）筒体剪力墙的结构布置调整，对结构梁钢筋用量的影响可以忽略。

3）方案 2 和方案 3 的调整，对于框架柱的钢筋用量均无明显影响，即对于框架柱的钢筋用量影响也可以基本忽略（注：方案 2 虽然对框架柱钢筋用量有一定影响，但其变化幅度远不及剪力墙钢筋变化幅度，依然不起控制作用）。

4）方案 2 的剪力墙钢筋用量显著降低。原因分析如下：

（1）方案 2 由于是对内墙削减、外筒加强（减少开洞、加大墙肢长度），虽然剪力墙总量有所降低，但是对抗侧力贡献起主要作用的外筒得到了有效加强，主体结构的抗侧刚度实际上不降反升，墙肢抗侧力计算截面高度提升，抗侧力工作效率提升，墙体钢筋用量显著降低。

（2）方案 2 由于是对内墙削减、外筒加强，剪力墙总量，尤其是对抗侧刚度贡献不大的内墙墙肢显著减少，边缘构件数量对应减少，实现剪力墙钢筋用量大幅度降低。

5）方案 3 由于外筒连梁加强的原因，主体结构抗侧刚度进一步提升，虽然结构的地震响应势必有所提升，但由于外筒墙体的工作效率提升幅度更高、提升速度更快，结构整体依然是长墙肢或强连梁起到更加显著的影响作用，主体结构用钢量，尤其是剪力墙钢筋用量进一步显著降低。

6）3 个方案综合比较，在高层建筑中，筒体剪力墙钢筋用量比例最高，其用量变化对整体结构钢筋用量的影响也最为显著，能够基本覆盖梁、板、柱等其他构件的钢筋用量影响。

7）将3个方案综合比较，除去方案1（原始方案）以外，方案2（削减内墙、加强外筒）和方案3（连梁加强）的结构混凝土用量均有一定程度的降低，均低于原始方案。

8）方案2采用削减内墙、加强外筒方案，可以有效加强外筒的工作效率，同时削减对主体结构抗侧刚度贡献较小的内墙墙肢，一方面可以显著降低主体结构的钢筋用量，另一方面也可以适量降低主体结构的混凝土用量。

9）方案3进一步提升了外筒范围部分洞口位置的连梁高度，相比方案2，继续提升外筒剪力墙墙肢的工作效率，主体结构用钢量进一步降低。

第8章 抗侧力体系（框架部分）合理化设计案例分析

结构形式种类繁多，抗侧力体系—框架部分作为多、高层建筑很重要的组成部分，不仅承受水平作用，更是承受竖向作用的主要受力体系。结构的侧移是整体性的，结构体系方案比选对整体结构调整、整体受力及经济效益的提高也很明显。本章选取普通框架与框架—剪力墙结构体系比选、普通框架与钢结构体系比选、超高层建筑钢筋混凝土与混合结构体系比选、框架柱轴压比控制4类典型的结构体系作为主要研究对象，分析4类结构体系选型对结构整体经济效益的影响。研究结论可以有效地指导工程项目技术决策和经济决策，亦可以作为其他类工程结构体系比选做法的广泛性参考建议。

（1）普通钢筋混凝土框架与框架—剪力墙结构体系比选。在诸多结构体系中，普通钢筋混凝土框架结构体系柱网布置灵活，可获得较大的使用空间，但由于其侧向刚度小，水平侧移大，当用于高度较高或高烈度区的建筑时，需截面较大的梁、柱构件，大截面构件减少有效利用空间。因而，可在框架结构中增设适量的剪力墙，组成框架—剪力墙结构。故本章也将框架结构中布置适量剪力墙作为研究对象之一，剪力墙既可增加一道防线，又可大大减少柱子内力、柱截面大大减小，本章系统评估两种结构形式对结构成本和使用空间的影响。

（2）普通钢筋混凝土框架与钢结构体系比选。在结构设计中，所选的结构体系最终都是通过材料实现的，材料本身会制约设计人员对建筑作品各项功能的要求。应用不同的结构体系以应对不同的设计条件，但在很多情况下，相同或是相似的设计条件，可能同样具有两种或更多种理论可行的、不同材料的结构体系选型方案。普通钢筋混凝土框架结构具有坚固、耐久、防火性能好、成本低等优点，作为多、高层建筑很常用的一种结构形式，占据着重要地位。钢结构具有自重小、抗震性能好、塑性能力强、工期短、对大空间或大悬挑结构具有更有利的优势。故本章也对普通钢筋混凝土框架与钢结构体系，结合建筑功能、立面效果、层高及经济性影响，选用实际工程案例分析结果，将这些影响因素的作用效果分析、比选，得到各自优势，通过对比各结构体系对于结构造价的影响，可有效地指导结构体系的选型工作。

（3）超高层建筑钢筋混凝土与混合结构体系比选。超高层建筑在经济发展、技术进步、城市土地稀缺的背景下正处于快速发展阶段。超高层建筑结构的综合成本控制作为项目的重要组成部分，结构形式的合理选取显得尤其重要。故本章通过实际工程案例结合超高层项目建筑方案的结构高度、平面布置、抗震设防标准、风荷载条件等具体情况，客观分析钢筋混凝土结构体系和混合结构体系对结构造价的影响。

（4）框架柱轴压比控制。控制轴压比是为了使框架柱具有一定的延性，防止柱子小偏心及柱在复杂受力状态下不至于因混凝土被压碎而产生脆性破坏。轴压比不满足的时候，要加大柱截面或采取其他措施。故本章对抗震验算轴压比超过限值的情况分别采用提高混凝土强度等级、增设钢骨柱、构造上采用井字箍和设置芯柱等几种配筋方案的计算比较其合理性和结构经济性,同时综合考虑建筑专业的相关要求,依据全专业最优化原则提出决策设计建议。

8.1　普通钢筋混凝土框架与框架剪力墙结构体系比选

　　本节结合 1 个实际工程案例,针对普通钢筋混凝土框架与框架剪力墙结构体系比选展开系统性研究,重点考察框架结构设置适量剪力墙的优势,选取了抗震设防烈度为 8 度区的项目案例。选用实际工程计算模型进行比选分析,除剪力墙布置及框架梁柱截面尺寸不同外,其余条件均保持一致,以此保证独立考察布置适量剪力墙的影响效果。

　　本案例位于陕西西安,建筑功能为医院门诊楼,地上 4 层,最大结构高度 18.90m,局部 5 层,最大结构高度 23.0m,抗震设防烈度为 8 度(0.2g),抗震设防类别为乙类,建筑结构的安全等级为二级。陕西西安渭北项目平面简图和空间计算模型如图 8-1 所示,

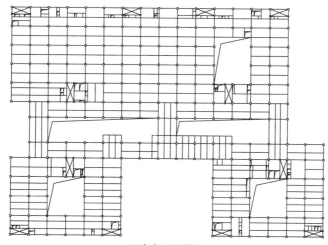

(a)方案1平面简图

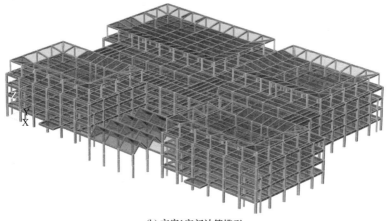

(b)方案1空间计算模型

图 8-1　陕西西安渭北项目平面简图和空间计算模型(一)

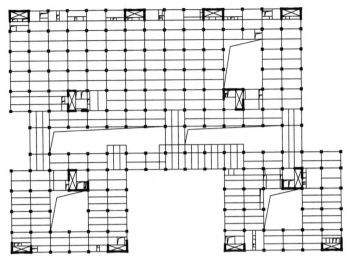

(c) 方案2平面简图

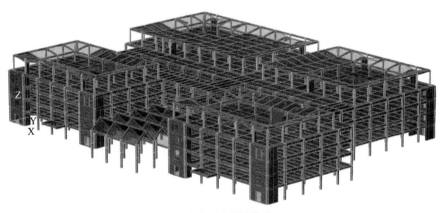

(d) 方案2空间计算模型

图 8-1　陕西西安渭北项目平面简图和空间计算模型（二）

陕西西安渭北各方案基本情况见表 8-1。其中，方案 1 采用框架结构体系，方案 2 采用框架剪力墙结构体系，楼板厚均为 120mm，方案 2 剪力墙厚为 400mm（1、2 层），2 层以上剪力墙厚为 300mm。

陕西西安渭北各方案基本情况　　　　　　　　　　　　　　　　表 8-1

方案编号	结构体系	结构高度（m）	抗震设防烈度	柱截面尺寸（mm×mm）	梁截面尺寸（mm×mm）
方案 1	框架结构	23.0	8 度（0.20g）	800×800	400×800、300×600、300×900
方案 2	框架剪力墙结构			600×600	300×800、300×600

计算得到的陕西西安渭北方案 1、方案 2 结构材料用量统计表如表 8-2 和表 8-3 所示。计算统计得到的陕西西安渭北项目各方案结构材料用量比较如表 8-4 所示。

依据案例的计算结果我们可以得到以下结论：

（1）框架—剪力墙结构中剪力墙的合理数量由位移决定，位移不大于 1/800，在满足这个要求的前提下可增减剪力墙的数量。此工程建筑物四角均设置电梯间，在四角布置剪力墙提高结构抗扭刚度。

陕西西安渭北项目方案 1 结构材料用量统计表 表 8-2

方案1	梁	柱	板	合计
钢筋（kg/m²）	21.14	14.09	6.47	41.70
混凝土（m³/m²）	0.09	0.04	0.08	0.21

陕西西安渭北项目方案 2 结构材料用量统计表 表 8-3

方案2	梁	柱	板	墙	合计
钢筋（kg/m²）	19.69	6.07	6.40	5.13	37.29
混凝土（m³/m²）	0.09	0.03	0.08	0.01	0.21

陕西西安渭北项目各方案结构材料用量比较 表 8-4

方案编号	钢筋用量（kg/m²）	钢筋用量比值	混凝土用量（m³/m²）	混凝土用量比值	结构体系
方案1	41.70	约112%	0.21	100%	框架
方案2	37.29	100%	0.21	100%	框架剪力墙

（2）两组方案的混凝土使用量大致相同。

（3）方案 2 钢筋用量节省很多，框架剪力墙结构钢筋配筋量比纯框架结构体系钢筋配筋量要减少 12% 左右，且结构布置上更加合理，柱截面减小，获得较大的使用空间。

综上所述，本案例在建筑平面允许的前提下合理布置一定数量的剪力墙，形成框架—剪力墙结构体系，获得了更大的刚度，抗震性能也更为优越。经过计算结果的比较，分析结果表明，8 度区 5 层框架—剪力墙结构体系与纯框架结构体系相比，既能取得良好的抗震性能，又能取得良好的经济指标。

8.2 普通钢筋混凝土框架与钢结构体系比选

本节结合两组案例均采用了普通钢筋混凝土框架结构与钢结构体系。案例内容选用实际工程计算模型进行比选分析，除结构梁、柱材料及梁柱截面不同外，其余条件均维持一致，以此保证独立考察结构体系在不同建筑功能中的影响效果。

案例 1 位于四川遂宁，建筑功能为博物馆，地上 4 层，局部 5 层，地下 3 层，结构高度 18.90m，抗震设防烈度 6 度（0.05g），抗震设防类别为乙类。项目的平面简图和空间计算模型如图 8-2 所示，四川遂宁项目概况如表 8-5 所示。其中，方案 1 采用钢筋混凝土框架结构体系，方案 2 采用钢结构体系，两种体系的结构布置形式相同，将方案 1 和方案 2 的结构材料用量和结构材料造价进行对比。

计算统计得到结构材料用量统计表如表 8-6 和表 8-7 所示。

计算统计得到各方案结构材料造价比较表如表 8-8 所示。

案例 2 位于吉林长白山，建筑功能为酒店，地上 5 层，地下 2 层，结构高度 22.90m，抗震设防烈度 6 度（0.05g），抗震设防类别为丙类。项目的平面简图和空间计算模型如图 8-3 所示，吉林长白山项目概况如表 8-9 所示。其中，方案 1 采用钢筋混凝土框架结构体系，方案 2 采用钢结构体系，两种体系的结构布置形式相同，将方案 1 和方案 2 的结构材料用量和结构材料造价进行对比。

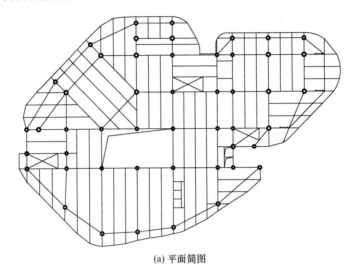

(a) 平面简图

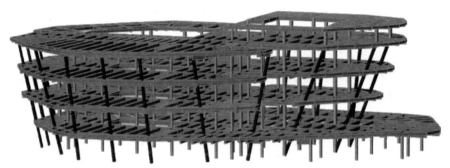

(b) 空间计算模型

图 8-2   四川遂宁项目平面简图和空间计算模型

四川遂宁项目概况   表 8-5

方案编号	结构体系	结构高度（m）	抗震设防烈度	柱截面尺寸（mm）	梁截面尺寸（mm×mm）
方案 1	框架结构	18.90	6 度（0.05g）	斜柱直径 800 圆柱直径 900 圆柱直径 800、直径 700	500×900 400×800 400×1300
方案 2	钢结构			斜钢柱直径 700 圆钢柱直径 600 方钢柱 500×500	工字钢 250×800 工字钢 200×600 工字钢 400×1000

四川遂宁项目方案 1 结构材料用量统计表   表 8-6

方案 1	梁	柱	板	合计
钢筋（kg/m²）	31.82	7.87	5.84	45.53
混凝土（m³/m²）	0.20	0.05	0.08	0.33

四川遂宁项目方案 2 结构材料用量统计表 表 8-7

方案 2	梁	柱	板	合计
钢筋（kg/m²）	—	—	5.84	5.84
混凝土（m³/m²）	—	—	0.08	0.08
钢材（kg/m²）	84.36	59.11	—	143.47

四川遂宁项目各方案结构材料造价比较表 表 8-8

方案编号	钢筋价格（元/t）	钢筋总价（元/m²）	混凝土价格（元/m³）	混凝土总价（元/m²）	钢价（元/t）	钢总价（元/m²）	理论总造价（元/m²）
方案 1	3900	177.57	400	132.00	3600	—	309.57
方案 2		22.78		32.00		516.50	571.28

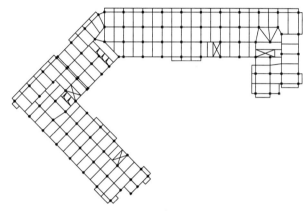

(a) 平面简图

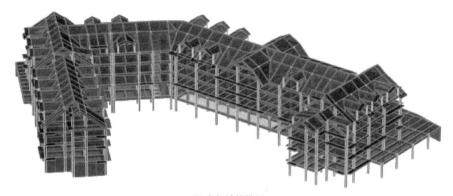

(b) 空间计算模型

图 8-3 吉林长白山项目平面简图和空间计算模型

吉林长白山项目概况 表 8-9

方案编号	结构体系	结构高度（m）	抗震设防烈度	柱截面（mm×mm）	梁截面（mm×mm）
方案 1	框架结构	22.9	6 度（0.05g）	500×600	300×750、300×600
方案 2	钢结构			方钢 400×400	工字钢 200×600、工字钢 200×500

计算统计得到结构材料用量表如表 8-10、表 8-11 所示。

吉林长白山项目方案 1 结构材料用量统计表　　　　表 8-10

方案 1	梁	柱	板	合计
钢筋（kg/m²）	13.00	4.20	8.47	25.67
混凝土（m³/m²）	0.08	0.03	0.12	0.23

吉林长白山项目方案 2 结构材料用量统计表　　　　表 8-11

方案 2	梁	柱	板	合计
钢筋（kg/m²）	—	—	8.47	8.47
混凝土（m³/m²）	—	—	0.12	0.12
钢材（kg/m²）	47.90	26.41	—	74.31

计算统计得到结构材料用量表如表 8-12 所示。

吉林长白山项目各方案造价比较　　　　表 8-12

方案编号	钢筋价格（元/t）	钢筋总价（元/m²）	混凝土价格（元/m³）	混凝土总价（元/m²）	钢价（元/t）	钢总价（元/m²）	理论总造价（元/m²）
方案 1	3900	100.12	400	92.00	3600	—	192.12
方案 2		33.03		48.00		267.52	348.55

计算统计得到两案例各个方案总造价用量如表 8-13 所示。

案例 1、案例 2 各方案总造价用量比较（8.2 节）　　　　表 8-13

案例编号	方案编号	理论总造价（元/m²）	造价比值	结构体系
案例 1	方案 1	309.57	100%	普通框架
	方案 2	571.28	约 185%	钢结构
案例 2	方案 1	192.12	100%	普通框架
	方案 2	348.55	约 181%	钢结构

依据案例 1 和案例 2 的计算统计结果，我们可以得到以下结论：

1）在实际工程中，案例 1 选用钢结构，案例 2 选用普通框架结构。

2）案例 1 因建筑功能要求的大空间、大悬挑、层高、限高因素选择钢结构，案例 2 建筑跨度均匀，无大悬挑及特殊建筑造型，考虑经济性，优先选择钢筋混凝土结构。

3）根据数据统计结果，两组案例中钢结构总造价远远大于普通钢筋混凝土框架结构总造价，当采用钢结构时，总造价增幅超过 80%。

综上所述，普通钢筋混凝土框架结构与钢框架结构的受力计算原理是相同的，混凝土结构造价远低于钢结构造价，但是根据建筑功能，对于大空间大悬挑的建筑选用钢结构能带来更好的效果。结构设计往往因层高控制等方面的因素，不能完全只考虑工程造价，因为两方案各有优点，对于具体工程可依据自身的实际需求和控制重点酌情选用。

8.3　超高层建筑钢筋混凝土结构与混合结构体系比选

本节结合两个实际工程案例，针对超高层建筑钢筋混凝土结构与混合结构体系比选展开系统研究，两组案例均为超高层结构，重点考察超高层钢筋混凝土结构体系与混合结构体系对于结构整体经济的影响，对其结果进行了具体分析。

案例1项目位于宁波江北核心区，超高层塔楼建筑高度240m（房屋高度225.6m），核心筒宽度17.9m，高宽比为12.6，抗震设防类别为乙类，按照抗震设防烈度6度（0.05g）进行抗震计算，按照抗震设防烈度7度（0.1g）确定抗震等级采取抗震措施。下面将主要针对本案例超高层塔楼的两种方案进行抗风、抗震方案设计，方案1采用钢筋混凝土框架—核心筒结构，方案2采用钢管混凝土框架—核心筒混合结构，进行比较说明。宁波江北核心区项目案例平面简图如图8-4所示，项目基本情况如表8-14所示。

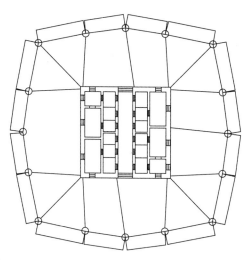

图8-4　宁波江北核心区项目案例平面简图

宁波江北核心区项目概况　　　　　　　　　　　　　　表8-14

方案编号	结构体系	结构高度（m）	抗震设防烈度	筒外墙厚（mm）	外框架柱截面尺寸（mm）
方案1	钢筋混凝土框架—核心筒结构	225.6	6度（0.05g）	400～1300	钢管混凝土柱直径1500
方案2	钢管混凝土框架—核心筒混合结构				外圆内十字劲钢管柱直径1000～1700

计算得到结构材料用量统计表如表8-15、表8-16所示。

宁波江北核心区项目方案1结构材料用量统计表　　　　　　表8-15

方案1	梁	柱	板	墙	合计
钢筋（kg/m²）	20.27	0	26.37	32.81	79.45
混凝土（m³/m²）	0.101	0.065	0.160	0.214	0.54
钢材（kg/m²）	—	75.00	—	—	75.00

宁波江北核心区项目方案2结构材料用量统计表　　　　　　表8-16

方案2	梁	柱	板	墙	合计
钢筋（kg/m²）	0.29	16.29	24.83	30.00	71.41
混凝土（m³/m²）	0.01	0.070	0.234	0.191	0.50
钢材（kg/m²）	44.60	56.50	—	—	101.10

计算得到的宁波江北核心区项目各方案比较如表8-17所示。

宁波江北核心区项目各方案造价比较 表 8-17

方案编号	钢筋价格 (元/t)	钢筋总价 (元/m²)	混凝土价格 (元/m³)	混凝土总价 (元/m²)	钢价 (元/t)	钢总价 (元/m²)	理论总造价 (元/m²)
方案 1	3900	309.86	400	190.13	3600	269.76	769.75
方案 2		278.50		200.00		364.21	842.71

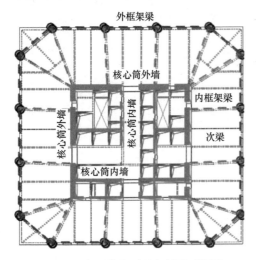

图 8-5 广西南宁项目案例平面简图

案例 2 项目位于广西南宁市,是超高层塔楼,建筑高度 272.3m,塔楼平面尺寸 48.8m×46.8m,核心筒尺寸 25.3m×23.9m,塔楼高宽比 6.4。抗震设防类别为丙类,按照抗震设防烈度 6 度(0.05g)进行抗震计算。广西南宁项目方案 1 采用钢筋混凝土框架—核心筒结构,方案 2 采用钢管混凝土框架—核心筒混合结构,将两方案进行比较说明。广西南宁项目案例平面简图如图 8-5 所示,广西南宁项目概况如表 8-18 所示。

计算得到的广西南宁项目结构材料用量表如表 8-19、表 8-20 所示。

计算得到广西南宁项目各方案造价比较如表 8-21 所示。

广西南宁项目概况 表 8-18

方案编号	结构体系	结构高度 (m)	抗震设防烈度	筒外墙厚 (mm)	外框架柱截面 (mm×mm)
方案 1	钢筋混凝土框架—核心筒结构	272.3	6 度 (0.05g)	400~1300	1700×1700~ 800×900 (1~19 层柱设钢骨)
方案 2	钢管混凝土框架—核心筒混合结构			400~1300	钢管柱(略) 混凝土柱 800×900

广西南宁项目方案 1 结构材料用量表 表 8-19

方案 1	梁	柱	板	墙	合计
钢筋 (kg/m²)	20.71	0.86	9.18	23.12	53.87
混凝土 (m³/m²)	0.105	0.067	0.079	0.176	0.427
钢材 (kg/m²)	12.66				12.66

广西南宁项目方案 2 结构材料用量表 表 8-20

方案 2	梁	柱	板	墙	合计
钢筋 (kg/m²)	2.53	0.79	9.00	22.30	34.62
混凝土 (m³/m²)	0.018	0.052	0.092	0.175	0.337
钢材 (kg/m²)	87.30				87.30

计算得到案例 1、案例 2 各方案造价用量比较(8.3 节)如表 8-22 所示。

依据案例 1 和案例 2 的计算统计结果,我们可以得到以下结论:

广西南宁项目各方案造价比较

表 8-21

方案编号	钢筋价格（元/t）	钢筋总价（元/m²）	混凝土价格（元/m³）	混凝土总价（元/m²）	钢价（元/t）	钢总价（元/m²）	理论总造价（元/m²）
方案1	3900	210.09	400	170.8	3600	45.57	426.46
方案2		135.01		134.8		314.28	584.09

案例1、案例2各方案总造价用量比较（8.3节）

表 8-22

案例编号	方案编号	理论总造价（元/m²）	造价比值	结构体系
案例1	方案1	769.75	100%	钢筋混凝土框架—核心筒结构
	方案2	842.71	约109%	钢管混凝土框架—核心筒混合结构
案例2	方案1	426.46	100%	钢筋混凝土框架—核心筒结构
	方案2	584.09	约137%	钢管混凝土框架—核心筒混合结构

1) 在实际工程中，两组案例均选用钢管混凝土框架—核心筒混合结构。

2) 钢筋混凝土框架—核心筒结构整体混凝土用量比钢管混凝土框架—核心筒混合结构整体混凝土用量多，基础的造价相应降低。

3) 根据数据统计结果，两组案例的总造价有一定差异，但采用钢管混凝土框架—核心筒混合结构时总造价有增加。

4) 两组案例统计数据均只取小震计算模型结果，因两种方案超限高度不同，对超限结构需采取构造加强措施，对为满足中大震计算指标而引起的含钢量变化未作考虑。

8.4 框架柱轴压比控制

本节针对上述问题展开系统性研究，为保证结构的延性，柱轴压比满足规范限值，重点考察框架柱轴压比在各种措施下的影响。选用一个实际工程计算模型进行比选分析，主要对首层至三层以及混凝土强度有变化层的框架柱进行研究，选用整楼框架柱的造价进行分析比较，除柱截面及混凝土强度等级不同外，其余条件均保持一致，以此保证独立考察布置适量剪力墙的影响效果。

本案例项目位于广东深圳，地上16层，地下4层，结构高度84.2m，结构形式为框架—剪力墙结构，抗震设防烈度为7度（0.1g），抗震设防类别为丙类，框架抗震等级一级。钢筋混凝土结构框架柱轴压比限值为0.75，采用C70混凝土，增设钢骨框架柱轴压比限值为0.70。广东深圳项目案例平面简图和空间计算模型如图8-6所示，广东深圳项目各方案的基本情况见表8-23。

计算得到广东深圳项目结构材料用量统计表如表8-24所示。

依据4组方案的计算统计结果，我们可以得到以下结论：

（1）4组方案分别规定了结构体系和结构高度两个非讨论范畴影响因素，可独立展示框架柱轴压比对于结构总体经济性指标的影响。

（2）方案1为常规做法，方案2、方案3采用提高混凝土强度等级、增设芯柱及采用井字箍措施对结构总造价影响相近，截面减小也不明显，方案4采用增设钢骨柱对减小柱截面和结构总体造价影响较为明显，对总造价的减小幅度为16%。

（3）鉴于轴压比对于建筑空间和结构成本影响比较大，我们可以依据项目层高及结构形式，初步试算预估柱的截面尺寸。

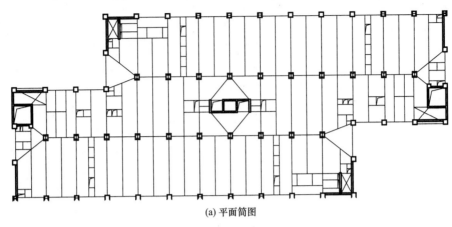

(a) 平面简图

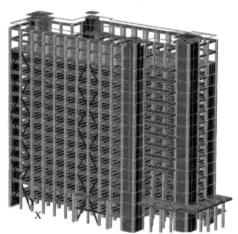

(b) 空间计算模型

图 8-6 广东深圳项目案例平面简图和空间计算模型

广东深圳项目各方案的基本情况 表 8-23

方案编号	结构体系	结构高度（m）	抗震设防烈度	采取措施	首层柱截面（mm×mm）
方案 1				C60 混凝土采用井字箍	1500×1500
方案 2				C70 混凝土采用井字箍	1400×1500
方案 3	框架—剪力墙结构	84.2	7 度（0.10g）	C60 混凝土设置芯柱及井字箍	1400×1500
方案 4				C60 混凝土增设钢骨	1200×1400 钢骨 600×800

广东深圳项目结构材料用量统计表 表 8-24

材料	方案 1 C60 混凝土 采用井字箍	方案 2 C70 混凝土 采用井字箍	方案 3 C60 混凝土设置 芯柱及井字箍	方案 4 C60 混凝土 增设钢骨	材料单价
钢筋（kg/m²）	18.32	18.75	18.78	15.31	3900（元/t）
混凝土（m³/m²）	0.118	0.116	0.115	0.108	400（元/m³）
钢材（kg/m²）	0.008	0.008	0.008	0.017	3600（元/t）

材料	方案 1 C60 混凝土 采用井字箍	方案 2 C70 混凝土 采用井字箍	方案 3 C60 混凝土设置 芯柱及井字箍	方案 4 C60 混凝土 增设钢骨	材料单价
总造价（元/m²）	118.7	119.49	119.10	102.92	—
材料用量比值	115%	116%	116%	100%	—

　　本节选用的 4 组方案只针对高层框架—剪力墙结构在采取不同的措施下，对建筑空间及总体造价的影响，实际工程中应依据建筑空间要求、结构形式、材料供应等选用符合项目实际需求的合理措施，降低框架柱的轴压比限值，使结构设计达到经济适用、安全合理的要求。

第9章　抗震措施合理化识别与典型案例分析

抗震性能化设计是解决复杂结构问题的基本方法之一，在复杂结构及超限建筑工程中应用较为广泛。结构设计中需针对不同项目选用与之适合的性能目标，采取相关的措施以保证结构的安全。选取抗震性能目标过低则无法保证结构的安全，选取抗震性能目标过高则难以保证项目的成本控制，增加不必要的建设费用，因此，在选取抗震性能目标时需综合考虑抗震设防类别、设防烈度、场地条件、结构的特殊性、建造费用等因素。本章将基于两个超限项目，研究不同抗震措施及不同抗震性能目标对项目成本的影响。

结构设计中针对不同结构、高度超限项目，或对不同结构构件设置不同的抗震性能目标。本章针对实际超限工程，选取不同的抗震性能目标，以研究不同性能目标的选取对于工程造价的影响。

本章所有算例均选自实际工程案例，因而可以基本忽略设计过程中其他不可控因素引起的附加影响。

9.1　结构分区抗震等级确定

本节结合一个工程案例，针对上述问题展开系统研究，为重点考察不同设防烈度对同一建筑生产成本的影响，选取超高层项目案例。选用实际工程计算模型进行比选分析，除地震烈度，其余条件均保持一致，以此保证可变量的唯一性。

案例位于广西南宁，地上 37 层，主体结构高度 164.2m，主要建筑使用功能为办公。标准层面积均为 1811m²，单塔建筑面积均为 6 万 m²。为满足建筑专业平、立面设计及建筑使用功能的要求，两座塔楼均采用框架—剪力墙结构体系，主塔楼与裙房脱开，作为独立的结构单体，塔楼标准轴网尺寸 50m×50m。本案例属于超限高层建筑，空间计算模型及标准层结构平面布置如图 9-1 所示，项目概况见表 9-1。

计算得到的结构材料用量表见表 9-2、表 9-3，各方案结构材料用量比较表见表 9-4。

依据上述案例的计算统计结果，我们可以得到以下结论：

（1）依据实际超高层建筑进行分析，主要目的在于研究不同抗震设防烈度、相同抗震措施对于结构用钢量的影响。

（2）上述案例采用同一超高层框架—剪力墙模型，除抗震设防烈度外，其余参数均保持一致，排除其他因素的影响。

（3）抗震设防烈度采用 7 度（0.10g），较 6 度（0.05g）用钢量减少。

（4）该项目位于低烈度区域，因此，抗震设防烈度的改变对结构整体钢筋用量的影响较小，但仍会产生一定影响。

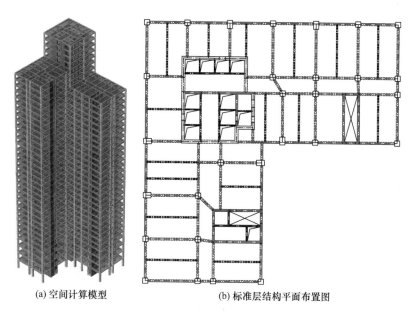

(a) 空间计算模型　　　　(b) 标准层结构平面布置图

图 9-1　广西南宁项目空间计算模型及标准层结构平面布置图

广西南宁项目概况　　　　　　　　　　　　　　　表 9-1

方案编号	结构体系	结构高度（m）	抗震设防烈度	剪力墙抗震等级	框架抗震等级
方案 1	框架—剪力墙	164.2	7 度（0.10g）	一级	一级
方案 2			6 度（0.05g）	一级	一级

广西南宁项目方案 1 结构材料用量表　　　　　　　表 9-2

方案 1	梁	柱	板	墙	合计
钢筋（kg/m²）	21	12	6.97	20.16	60.13
混凝土（m³/m²）	0.08	0.06	0.10	0.14	0.38

广西南宁项目方案 2 结构材料用量表　　　　　　　表 9-3

方案 2	梁	柱	板	墙	合计
钢筋（kg/m²）	19	11	6.97	20.04	57.01
混凝土（m³/m²）	0.08	0.06	0.10	0.14	0.38

广西南宁项目各方案结构材料用量比较表　　　　　　表 9-4

方案编号	钢筋用量（kg/m²）	钢筋用量比值	混凝土用量（m³/m²）	混凝土用量比值	设防烈度
方案 1	60.13	105%	0.38	100%	7 度（0.10g）
方案 2	57.01	100%	0.38	100%	6 度（0.05g）

9.2　采用不同性能水准的用量统计

选取两组实际设计的项目，均为超高层超限项目，计算过程除抗震设防水准不同，以及中大震中相关周期折减系数、阻尼比、连梁刚度折减系数必要参数外，其余参数均不变，考察按照不同性能水准设计钢筋用量影响。案例 1 位于广东省深圳市，塔楼地上建筑面积约 3 万 m^2，地上 49 层，其中，大底盘以上塔楼 46 层。案例 2 位于内蒙古呼和浩特市，地上建筑面积约 4.63 万 m^2，地上 36 层，最大结构高度 162m。案例 1 广东深圳项目空间计算模型及标准层结构平面布置图如图 9-2 所示，案例 2 内蒙古呼和浩特项目空间计算模型及标准层结构平面布置图如图 9-3 所示。项目概况见表 9-5。

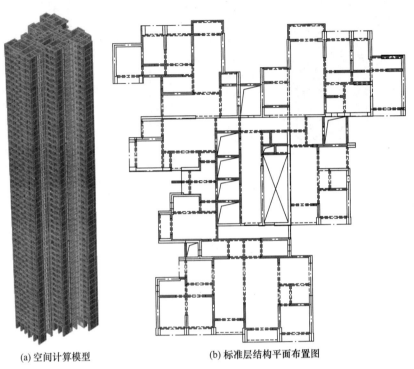

(a) 空间计算模型   (b) 标准层结构平面布置图

图 9-2 案例 1 广东深圳项目空间计算模型及标准层结构平面布置图

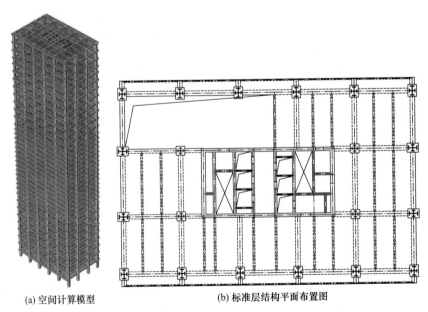

(a) 空间计算模型   (b) 标准层结构平面布置图

图 9-3 案例 2 内蒙古呼和浩特项目空间计算模型及标准层结构平面布置图

案例编号	结构体系	结构高度（m）	抗震设防烈度	抗震等级	设计性能目标
案例 1	剪力墙	147	7 度（0.10g）	一级/特一级（底部加强部位）	C 级
案例 2	框架—核心筒	162	8 度（0.20g）	框架（一级/特一级）/核心筒特一级	C 级

案例 1 中大震设计变化参数见表 9-6。

案例 1 广东深圳项目中大震设计变化参数 表 9-6

计算工况	周期折减系数	连梁刚度折减系数	中梁刚度放大系数	阻尼比	特征周期（s）
小震弹性	0.90	0.70	2.00	0.05	0.35
中震不屈服	0.95	0.50	1.50	0.05	0.35
中震弹性	0.95	0.50	1.50	0.05	0.35
大震不屈服	1.00	0.30	1.00	0.07	0.40
大震弹性	1.00	0.30	1.00	0.07	0.40

案例 2 中大震设计变化参数见表 9-7。

案例 2 内蒙古呼和浩特项目中大震设计变化参数 表 9-7

计算工况	周期折减系数	连梁刚度折减系数	中梁刚度放大系数	阻尼比	特征周期（s）
小震弹性	0.85	0.70	2.00	0.05	0.40
中震不屈服	0.92	0.50	1.50	0.05	0.40
中震弹性	0.92	0.50	1.50	0.05	0.40
大震不屈服	1.00	0.30	1.00	0.07	0.45
大震弹性	1.00	0.30	1.00	0.07	0.45

除了上述参数外，其余参数均保持一致，分别按上述 5 个计算工况进行配筋设计，计算得到钢筋用量如表 9-8、表 9-9 所示。

案例 1 广东深圳项目钢筋用量 表 9-8

案例 1 钢筋用量（kg/m²）	梁	柱	墙	合计
小震弹性	13.25	—	65.48	78.73
中震不屈服	20.08	—	75.38	95.46
中震弹性	22.36	—	82.12	104.48
大震不屈服	35.02	—	112.22	147.24
大震弹性	48.00	—	164.00	212.00

案例 2 内蒙古呼和浩特项目钢筋用量 表 9-9

案例 2 钢筋用量（kg/m²）	梁	柱	墙	合计
小震弹性	29.91	24.81	24.24	78.96
中震不屈服	54.67	25.07	31.55	111.29
中震弹性	59.93	27.15	38.64	125.72
大震不屈服	81.02	29.27	52.09	162.38
大震弹性	105.73	30.66	76.54	212.93

依据案例 1 和案例 2 的计算结果，可以得到以下结论：

（1）两个项目均为超限高层建筑，除设计条件参数变化外，其他条件均保持一致。采用不同性能目标进行结构设计对钢筋用量的影响，得出定量分析结果。

（2）随着性能目标的提升，工程用钢量有较为显著的提高，具体数值的变化依据结构不同，依据建筑、设计条件的不同而不同。

（3）依据案例1的计算结果可知：在剪力墙结构体系中，随着性能水准的提升，梁、墙钢筋用量均显著增加。

（4）依据案例2的计算结果可知：在框架—核心筒结构体系中，随着性能水准的提升，梁墙钢筋用量增幅显著，柱钢筋增量较为平缓，主要是由于框架—核心筒结构体系中剪力墙作为主要抗侧力构件，框架柱承担倾覆力矩较小。

（5）综合观察案例1及案例2可以得出：由于案例2所在地区抗震设防烈度为8度（0.20g），案例1所在地区抗震设防烈度为7度（0.10g），对烈度越高区域采用相同设防目标，较小震的钢筋用量越多。

综上所述，可以得出结论：性能目标的提升对工程造价产生非常巨大的影响，在超限工程设计过程中应结合建筑条件、设防烈度、不规则项对结构产生的综合影响，合理地选取合适的性能目标，不可一味地提高结构的性能目标而忽略对工程造价的影响。

第10章　特殊建筑结构方案合理化设计典型案例分析

结构设计和成本控制作为大多数建设工程项目中的两类重要组成部分，通常可理解为一对属于不同领域，却又相互影响的要素。其中，各种特殊建筑结构方案，尤其是结构加强做法，在解决实际技术问题的同时，也会引起工程造价的提升。于是，可以将上述内容用两点概括：

1）由于采用特殊建筑结构方案，可能获得的实际收益。

2）由于选用特殊建筑结构方案，所需要付出的成本代价，即工程造价层面的损失。

为有效地做出合理的技术决策和经济决策，客观、合理地评估结构特殊做法带来的经济性影响，成为一个亟须研究的内容。基于上述需求，本章将进行3类典型且较为常见的特殊建筑结构方案的造价敏感性分析，研究结论可作为项目决策的有效参考依据。

10.1　主要特殊建筑结构方案

结构特殊做法种类繁多，试图穷举所有结构特殊做法并对其成本影响效果进行逐一评估，难度极大，也并非完全必要。本章结合建设工程项目技术设计流程（技术层面）和造价控制流程（经济层面）的实践经验，选取了大板做法、宽扁梁做法、强化框架做法，以3类典型的特殊建筑结构方案作为主要研究对象，分析3类特殊建筑结构方案对于结构整体经济性的影响。

（1）楼盖体系成本控制是工程项目结构成本控制的重要组成部分。在诸多楼盖体系做法当中，结构大板做法作为一种较为特殊，却又相对常见的结构方案，业内对它普遍的观点是会造成一定程度的结构成本提升。故本章选用大板做法作为研究对象之一，系统评估其对结构成本造成的相关影响。

（2）在常规建筑方案的立面、剖面设计过程中，建筑总高、层高及建筑净高控制问题往往成为核心议题。作为典型的结构应对措施之一，宽扁梁做法占据着重要地位。故本章亦将宽扁梁做法作为研究对象之一，依托实际工程案例分析，评估该做法对于结构造价的影响。

（3）强化框架做法通常是针对结构扭转偏大等问题而采用的加强措施，目的是控制结构扭转趋势，提高结构抗扭刚度。为兼顾技术方案决策和项目成本控制，将强化框架做法的经济性影响也作为本节研究对象之一。

10.2　大板做法及其经济性评价

本节结合两个实际工程案例，针对上述问题展开系统性研究，为重点考察大板做法由于结构自重增加而引起的额外成本，均选取超高层项目案例。案例内容均为选用实际工程计算模型进行比选分析，除楼板跨度外，其余条件均保持一致，以此保证独立考察大板做法的单变量影响效果。

案例 1 位于宁夏银川，采用了超高层建筑最为常见的框架—核心筒结构体系，结构高度 150m，抗震设防烈度为 8 度（0.20g）。宁夏银川项目各方案标准层平面简图如图 10-1 所示，宁夏银川项目概况见表 10-1。其中，方案 1 和方案 2 均为传统的主次梁楼盖体系，只是楼板跨度和厚度有差异，方案 3 选用本节重点分析的大板做法楼盖体系，选用 9m 跨度，250mm 厚板。

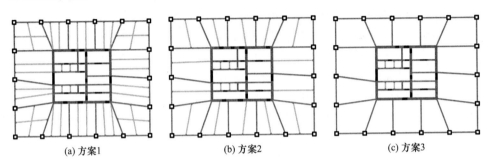

(a) 方案1　　　　　　　(b) 方案2　　　　　　　(c) 方案3

图 10-1　宁夏银川项目各方案标准层平面简图

宁夏银川项目概况　　　　　　　　　　表 10-1

方案编号	结构体系	结构高度（m）	抗震设防烈度	楼板跨度（m）	楼板厚度（mm）
方案 1	框架—核心筒	150	8 度（0.20g）	3.0	120
方案 2				4.5	130
方案 3				9.0	250

计算得到的结构材料用量表如表 10-2～表 10-4 所示。

宁夏银川项目方案 1 结构材料用量表　　　　　表 10-2

方案 1	梁	柱	板	墙	合计
钢筋（kg/m²）	29.50	12.30	6.77	27.88	76.45
混凝土（m³/m²）	0.10	0.06	0.11	0.16	0.43

宁夏银川项目方案 2 结构材料用量表　　　　　表 10-3

方案 2	梁	柱	板	墙	合计
钢筋（kg/m²）	26.17	12.30	15.42	28.38	82.27
混凝土（m³/m²）	0.08	0.06	0.12	0.16	0.42

宁夏银川项目方案 3 结构材料用量表　　　　　表 10-4

方案 3	梁	柱	板	墙	合计
钢筋（kg/m²）	27.18	12.70	17.77	28.57	86.22
混凝土（m³/m²）	0.07	0.06	0.21	0.16	0.50

计算得到的各方案结构材料用量比较如表 10-5 所示。

案例 2 位于广西南宁，结合建筑 L 形平面特点，选用了分散筒体布置的框架—剪力墙结构体系，结构高度 164m，抗震设防烈度为 7 度（0.10g），各方案标准层平面简图如图 10-2 所示，各方案的基本情况见表 10-6。其中，方案 1 和方案 2 均为传统的主次梁楼盖体系，只是楼板跨度和厚度有所差异，方案 3 选用本节重点分析的大板做法楼盖体系，选用 8.2m 跨度，230mm 厚度大板。

宁夏银川项目各方案结构材料用量比较   表 10-5

方案编号	钢筋用量（kg/m²）	钢筋用量比值	混凝土用量（m³/m²）	混凝土用量比值	楼板跨度/楼板厚度（m/mm）
方案 1	76.45	100%	0.43	约 102%	3.0/120
方案 2	82.27	约 108%	0.42	100%	4.5/130
方案 3	86.22	约 113%	0.50	约 119%	9.0/250

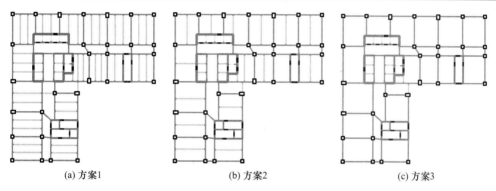

(a) 方案1   (b) 方案2   (c) 方案3

图 10-2 广西南宁项目各方案标准层平面简图

广西南宁项目概况   表 10-6

方案编号	结构体系	结构高度（m）	抗震设防烈度	楼板跨度（m）	楼板厚度（mm）
方案 1	框架—剪力墙	164	7 度（0.10g）	2.7	120
方案 2				4.1	130
方案 3				8.2	230

计算得到结构材料用量表如表 10-7～表 10-9 所示。

广西南宁项目方案 1 结构材料用量表   表 10-7

方案 1	梁	柱	板	墙	合计
钢筋（kg/m²）	21.08	11.66	6.00	29.43	68.17
混凝土（m³/m²）	0.11	0.06	0.11	0.16	0.44

广西南宁项目方案 2 结构材料用量表   表 10-8

方案 2	梁	柱	板	墙	合计
钢筋（kg/m²）	19.26	11.51	11.15	29.43	71.35
混凝土（m³/m²）	0.09	0.06	0.12	0.16	0.43

广西南宁项目方案 3 结构材料用量表   表 10-9

方案 3	梁	柱	板	墙	合计
钢筋（kg/m²）	15.55	11.80	19.37	30.14	76.86
混凝土（m³/m²）	0.07	0.06	0.18	0.16	0.47

计算得到的各方案结构材料用量比较如表 10-10 所示。

广西南宁项目各方案结构材料用量比较   表 10-10

方案编号	钢筋用量 (kg/m²)	钢筋用量比值	混凝土用量 (m³/m²)	混凝土用量比值	楼板跨度/楼板厚度 (m/mm)
方案 1	68.17	100%	0.44	约 102%	2.7/120
方案 2	71.35	约 105%	0.43	100%	4.1/130
方案 3	76.86	约 113%	0.47	约 109%	8.2/230

依据案例 1 和案例 2 的计算结果，我们可以得到以下结论：

（1）两组案例均选用实际超高层建筑作为分析案例，主要目的是在研究跨度、板厚等常规影响因素的基础上，如实考察大板做法由于结构自重增加对于项目整体造价的影响。

（2）案例 1 和案例 2 分别选用了超高层建筑常用的框架—核心筒和框架—剪力墙结构体系，排除结构体系差异的影响。

（3）结构整体钢筋用量与楼板跨度正相关，大板做法钢筋增量最大约 13%。

（4）结构整体混凝土用量在设置次梁时基本相当，当采用大板做法时显著增加，最大增量约 19%。

（5）随着楼板跨度增加（方案 1～方案 3），楼板钢筋用量显著增加（板跨加大、板厚增加），梁钢筋用量缓慢减少（次梁根数减少），墙、柱钢筋用量无明显差异，总体钢筋用量稳步上升。

（6）大板做法会引起结构自重增加，但分析结果表明，各方案的竖向构件（剪力墙、框架柱）钢筋用量无明显差异。因而可以得出结论，大板做法引起的自重增加影响较小，可基本忽略。

综上所述，我们认为虽然大板结构方案在一定程度上会引起项目成本增加，但考虑增加幅度有限（综合考虑钢筋和混凝土部分），且采用大板做法通常可以给建筑净高、施工简化等带来有利的影响，建议在实际工程中可依据项目自身的实际需求和控制重点酌情选用。

10.3 宽扁梁做法及其经济性评价

本节结合两组选用宽扁梁做法的实际工程案例，针对宽扁梁的结构成本增加问题展开系统研究，并对案例计算结果进行具体分析。

案例 1，为排除其他非考察变量的影响，选取的两个工程项目高度均为 100m，抗震设防烈度均为 8 度（0.20g），结构体系均选用框架—核心筒体系。其中项目 1 位于山西太原，主梁截面为 800mm×600mm，属于典型的宽扁梁做法。项目 2 位于宁夏银川，主梁截面 400mm×700mm，属于典型常规楼盖体系梁高做法。案例 1 各项目标准层平面简图（宽扁梁做法对比）如图 10-3 所示，项目概况如表 10-11 所示。

计算得到的结构材料用量统计表如表 10-12、表 10-13 所示。

计算得到的结构材料用量比较（宽扁梁做法对比）如表 10-14 所示。

案例 2，本案例选用浙江宁波一多层结构，结构高度 18m，地上 4 层，抗震设防烈度 6 度（0.05g）。受建筑限高要求（建筑总高不超过 18.6m），该结构除首层外，2～4 层层高均为 3.9m。鉴于本工程层高较低且结构跨度较大（主跨 11～12m），结构梁高控制对于建筑净高的影响尤其明显。考虑上述因素，对该工程进行了相对细致的梁高比选工作，相关的研究结果可作为本节的引用案例加以分析。

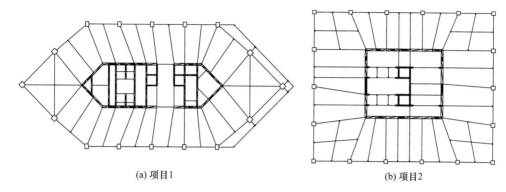

(a) 项目1   (b) 项目2

图 10-3　案例 1 各项目标准层平面简图（宽扁梁做法对比）

案例 1 项目概况　　　　　　　　　　　　　　　　　　　　　表 10-11

项目编号	结构体系	结构高度（m）	抗震设防烈度	梁截面（mm×mm）	梁跨度（m）
项目 1	框架—核心筒	100	8 度（0.20g）	800×600	11
项目 2				400×700	10

项目 1 结构材料用量统计表（宽扁梁做法）　　　　　　　　　表 10-12

项目 1	梁	柱	板	墙	合计
钢筋（kg/m²）	25.40	8.65	8.83	22.04	64.92
混凝土（m³/m²）	0.12	0.04	0.11	0.14	0.41

项目 2 结构材料用量统计表（常规楼盖体系梁高做法）　　　　表 10-13

项目 2	梁	柱	板	墙	合计
钢筋（kg/m²）	23.36	7.55	7.28	21.74	59.93
混凝土（m³/m²）	0.10	0.04	0.11	0.12	0.37

案例 1 各项目结构材料用量比较（宽扁梁做法对比）　　　　　表 10-14

项目编号	钢筋用量（kg/m²）	钢筋用量比值	混凝土用量（m³/m²）	混凝土用量比值	梁截面（mm）/梁跨度（m）
项目 1	64.92	约 118%	0.41	约 111%	(800×600)/11
项目 2	59.93	100%	0.37	100%	(400×700)/10

项目选用的结构体系为少墙框架结构体系，主要进行了梁高 800mm 和梁高 700mm 两个方案的比选工作。浙江宁波项目平面简图及空间计算模型如图 10-4 所示。浙江宁波项目概况如表 10-15 所示。

计算得到的浙江宁波项目结构材料用量统计表如表 10-16、表 10-17 所示。

计算得到的浙江宁波项目各方案结构材料用量比较如表 10-18 所示。

依据案例 1 和案例 2 的计算结果，我们可以得到以下结论：

（1）两组实际工程案例中，案例 1 为除是否采用宽扁梁方案外，其他条件基本一致的两个项目比较，案例 2 为同一项目采用不同梁高的方案比选，研究目的均为定量分析宽扁梁做法对结构造价的影响。

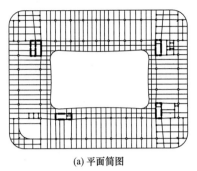
(a) 平面简图

(b) 空间计算模型

图 10-4　浙江宁波项目平面简图及空间计算模型

浙江宁波项目概况　　　　　　　　　　　　　　　　　　　表 10-15

方案编号	结构体系	结构高度（m）	抗震设防烈度	梁高（mm）	梁宽
方案 1	少墙框架	18.0	6 度（0.05g）	800	依据强度计算确定
方案 2				700	

浙江宁波项目方案 1 结构材料用量统计表　　　　　　　　　表 10-16

方案 1（梁高 800mm）	梁	柱	板	墙	合计
钢筋（kg/m²）	20.33	2.52	5.21	1.89	29.95
混凝土（m³/m²）	0.12	0.02	0.09	0.02	0.25

浙江宁波项目方案 2 结构材料用量统计表　　　　　　　　　表 10-17

方案 2（梁高 700mm）	梁	柱	板	墙	合计
钢筋（kg/m²）	21.81	2.49	5.21	1.88	31.39
混凝土（m³/m²）	0.11	0.02	0.09	0.02	0.24

浙江宁波项目各方案结构材料用量比较　　　　　　　　　　表 10-18

方案编号	钢筋用量（kg/m²）	钢筋用量比值	混凝土用量（m³/m²）	混凝土用量比值	梁高（mm）
方案 1	29.95	约 95%	0.25	104%	800
方案 2	31.39	100%	0.24	100%	700

（2）结构的钢筋用量与宽扁梁做法有一定关联。当采用该做法时，钢筋用量增幅 5% 或 8%。具体数值与选用梁高相关。

（3）结构的混凝土用量与宽扁梁做法关联较小。当比选方案梁高差异较小时，混凝土用量差异基本可以被忽略，当比选方案梁高差异较大时，选用宽扁梁方案，混凝土用量有一定的增幅。

（4）在超高层项目中，由于采用宽扁梁后结构的抗侧刚度降低，竖向构件分担的地震作用相应增加，故剪力墙和框架柱的用钢量略有提升。在多层建筑中，宽扁梁做法对其他结构构件的材料用量影响较小，基本可以忽略。

综上所述，我们可以认为虽然宽扁梁做法在一定程度上会引起项目成本增加，但考虑增加幅度有限（综合考虑钢筋和混凝土），且采用宽扁梁做法通常可以给建筑限高、层高控制、净高控制等带来显著的有利影响，建议具体工程可依据自身的实际需求和控制重点酌情选用。

10.4 强化框架做法及其经济性评价

为有效地评估采用强化框架做法引起的造价增幅，为建筑、结构方案比选提供相对全面（兼顾技术、经济两个层面）的数据条件，本节选用两组采用强化框架做法的实际工程案例，对其经济性比选方案进行系统分析。

案例 1，选用一组采用框架—剪力墙（框架—核心筒）结构体系的超高层建筑，选取的两个项目结构高度均为 150m，抗震设防烈度均为 8 度（0.20g），项目所在地均为宁夏银川。其中，项目 1 属于普通外框做法，框架柱截面 1000mm×1000mm，框架梁截面 400mm×700mm，项目 2 在图 10-5 画框范围内选用强化框架做法，框架柱截面 800mm×1400mm，框架梁截面 600mm×1100mm。案例 1 各项目标准层平面示意图（强化框架做法对比）如图 10-5 所示，项目概况如表 10-19 所示。

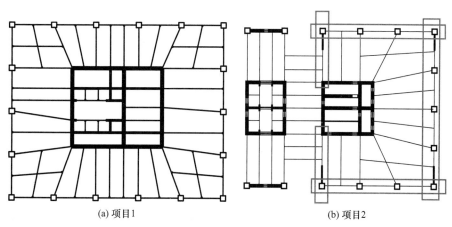

(a) 项目1　　　　　　　　　　　　　(b) 项目2

图 10-5　案例 1 各项目标准层平面示意图（强化框架做法对比）

案例 1 项目概况　　　　　　　　　　　　　　　　表 **10-19**

项目编号	结构体系	结构高度（m）	抗震设防烈度	柱截面（mm×mm）	梁截面（mm×mm）
项目 1	框架—核心筒	150	8 度（0.20g）	1000×1000	400×700
项目 2	框架—剪力墙			800×1400	600×1100

计算得到的结构材料用量统计表（普通外框做法）见表 10-20，结构材料用量统计表（强化框架做法）见表 10-21。

项目 1 结构材料用量统计表（普通外框做法）　　　　　表 **10-20**

项目 1	梁	柱	板	墙	合计
钢筋（kg/m²）	22.61	11.99	11.87	29.62	76.09
混凝土（m³/m²）	0.10	0.04	0.11	0.17	0.42

项目 2 结构材料用量统计表（强化框架做法）　　　　　表 **10-21**

项目 2	梁	柱	板	墙	合计
钢筋（kg/m²）	26.92	8.77	11.07	34.79	81.55
混凝土（m³/m²）	0.12	0.05	0.10	0.19	0.46

计算得到的结构材料用量比较（普通外框做法与强化框架做法对比）如表 10-22
所示。

案例 1 各项目结构材料用量比较（普通外框做法与强化框架做法对比）　　　表 10-22

项目编号	钢筋用量 （kg/m²）	钢筋用量比值	混凝土用量 （m³/m²）	混凝土 用量比值	柱截面/梁截面 （mm×mm）
项目 1	76.09	100%	0.42	100%	1000×1000/400×700
项目 2	81.55	约107%	0.46	约110%	800×1400/600×1100

案例 2，本案例选用山东德州一多层建筑，结构高度 21m，地上 5 层，抗震设防烈度
7 度（0.10g）。该建筑地上分为 3 个结构单体，东西两侧为两个 L 形平面结构单体，中部
为 1 个两跨一字形结构单体。3 个结构单体 1～2 层局部选用了强化框架做法，其中，东西
两侧 L 形平面单体选用强化框架控制结构扭转，中部一字形结构单体选用强化框架控制结
构层间位移角。为有效地评估强化框架做法的相关经济性影响，本工程的方案比选过程可
作为引用案例。

项目选用的结构体系为钢筋混凝土框架结构体系，主方案 1 选用普通框架做法，主要
梁截面 400mm×700mm，方案 2 局部设置强化框架，梁截面提升至 400mm×1200mm，
强化框架布置位置已经在图 10-6 中圈出。两个方案的平面简图如图 10-6 所示，项目概况
如表 10-23 所示。

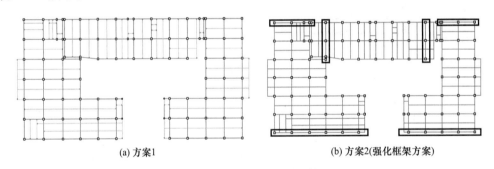

(a) 方案1　　　　　　　　　　　　　　　(b) 方案2(强化框架方案)

图 10-6　山东德州项目平面简图

山东德州项目概况　　　　　　表 10-23

方案编号	结构体系	结构高度（m）	抗震设防烈度	梁截面 （mm×mm）	强化框架
方案 1	钢筋混凝土框架	21.0	7 度（0.10g）	400×700	不设置
方案 2				400×1200	设置

计算得到的结构材料用量统计表如表 10-24、表 10-25 所示。

山东德州项目方案 1 结构材料用量统计表　　　　　　表 10-24

方案 1	梁	柱	板	墙	合计
钢筋（kg/m²）	22.99	7.34	14.07	—	44.40
混凝土（m³/m²）	0.12	0.06	0.11	—	0.29

计算得到各方案结构材料用量比较如表 10-26 所示。

依据案例 1 和案例 2 的计算结果，我们可以得到以下结论：

（1）在两组实际工程案例中，案例 1 为除去是否采用强化框架做法外的条件，其他条件基本一致的两个项目比较，案例 2 为同一项目局部是否选用强化框架做法的方案比选，研究目的均为定量分析强化框架做法对结构造价的影响。

山东德州项目方案 2 结构材料用量统计表 表 10-25

方案 2	梁	柱	板	墙	合计
钢筋（kg/m²）	23.21	7.76	14.07	—	45.04
混凝土（m³/m²）	0.12	0.06	0.12	—	0.30

山东德州项目结构材料用量比较 表 10-26

方案编号	钢筋用量（kg/m²）	钢筋用量比值	混凝土用量（m³/m²）	混凝土用量比值	强化框架
方案 1	44.40	100%	0.29	100%	不设置
方案 2	45.04	约 101%	0.30	约 103%	设置

（2）结构的钢筋用量与强化框架做法有一定关联。当大范围采用强化框架做法时，钢筋用量有一定增加。当局部选用强化框架做法时，钢筋用量增幅可忽略不计。

（3）结构的混凝土用量与强化框架做法有一定关联。当大范围采用强化框架做法时，混凝土用量有一定增加。当局部选用强化框架做法时，对混凝土用量的增幅可忽略不计。

（4）在超高层项目中，采用强化框架控制结构扭转需要与剪力墙的抗侧刚度相匹配，故引起的钢筋和混凝土用量增幅相对较大。在多层建筑中，局部选用强化框架做法对结构构件的材料用量影响较小，基本可以忽略。

综上所述，我们可以认为虽然强化框架做法在一定程度上会引起项目成本增加（主要是指超高层项目应用），但考虑增加幅度有限（综合考虑钢筋和混凝土），且采用强化框架做法通常可以有效地解决结构扭转等诸多技术处理难点，有效地优化建筑方案布局，建议具体工程可依据自身的实际需求和控制重点酌情选用。

第11章 前期阶段因素对结构方案经济合理化影响分析

　　建设项目的前期阶段结构成本控制受到多个影响因素作用，鉴于实际工程项目结构设计的繁琐流程，为有效地排除虚拟案例与真实案例在设计合理性和设计深度方面的差异，只有选用实际工程案例的分析结果才能将这些影响因素的作用效果最为直接和真实地体现。

　　本章通过引用数个实际工程案例，列举建设项目前期阶段影响结构造价的3个主要因素：抗震设防烈度、建筑高度和结构体系选型，并依据实例，分析讨论每个因素的影响范围及控制建议。研究结论可以有效地指导建设项目前期阶段结构成本控制的工作。

11.1 主要影响因素识别

　　如果以建设项目全过程而言，影响结构成本控制的因素众多。在设计阶段、施工阶段、验收使用阶段等，都有影响因素。但仅就项目前期阶段而言，由于该阶段位于整个项目流程的最前期，涉及结构成本控制的因素相对较为集中，且影响效果最为显著，确定几个主要影响因素，并合理分析其影响效果，将对项目全流程的结构成本控制起指导性意义。本章选取抗震设防烈度、结构高度和结构体系选型3个主要影响因素作为前期阶段结构造价控制的主要研究内容，具体原因说明如下：

　　建筑结构的荷载条件主要为恒荷载＋活荷载为主的竖向荷载和以水平地震作用为主的水平荷载，其中，竖向荷载一般由建筑物自身、立面布置及建筑使用功能确定，可供研究和调整的自由度相对较低，不作为本章的重点讨论部分，而以地震水平作用为主的水平荷载可作为结构设计过程中的研究重点，同时，也是结构造价控制的研究重点。由此引出前期阶段结构造价控制重点因素包括以下3点：

　　（1）抗震设防烈度。抗震设防烈度的高低直接影响作用于结构上的水平地震作用大小，通过抗震计算和抗震措施，对结构造价产生直接影响。抗震设防烈度通常可以依据建设地点，查阅抗震设防区划直接确定。有效研究并了解抗震设防烈度对于结构造价的影响程度，对于预估建设项目结构投资、合理控制其他造价影响要素具有重要的指导性意义。

　　（2）结构高度。结构高度会直接影响水平地震作用的作用效果。结构高度越大的建筑物，其结构造价中用于抵抗水平地震作用的比例就越高。有效研究并了解结构高度对于结构造价的影响程度，对于前期阶段合理确定建筑物体形或在既定体形下充分预估项目投资具有重要参考意义。

　　（3）结构体系选型。在结构设计中，不同的结构体系对应不同的设计条件，但在很多情况下，相同或是相似的设计条件，可能同时具有两种或更多理论可行的结构体系选型方案。通过研究相同或相似条件下结构体系对于结构造价的影响，可以有效地指导结构体系的选型工作。

11.2 抗震设防烈度及其影响效果

作为影响水平地震作用最直接，也是最显著的控制要素，抗震设防烈度一般由建设工程所在地区的抗震设防区划确定，合理评估抗震设防烈度对于前期阶段结构成本控制的影响，可以有效地预估项目成本量级，并作为数据基础，为其他影响因素的方案决策起到指导性作用。为独立考察设防烈度的影响效果，选用两组其他条件相同或相似的实际工程案例，具体说明如下。

案例1，列举了3个实际工程项目，高度均为100m左右，均采用框架—核心筒结构体系，抗震设防烈度分别为6度（0.05g）、7度（0.10g）、8度（0.2g），案例1各项目的平面简图（抗震设防烈度的影响效果）如图11-1所示，案例1各项目概况（抗震设防烈度的影响效果）见表11-1。

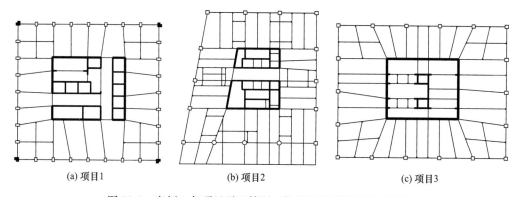

(a) 项目1　　　　　　　　(b) 项目2　　　　　　　　(c) 项目3

图 11-1　案例1各项目平面简图（抗震设防烈度的影响效果）

案例1各项目概况（抗震设防烈度的影响效果）　　　　　表 11-1

项目编号	建设地点	结构高度（m）	结构体系	抗震设防烈度
项目1	浙江宁波	98	框架—核心筒	6度（0.05g）
项目2	山东青岛	96	框架—核心筒	7度（0.10g）
项目3	宁夏银川	100	框架—核心筒	8度（0.20g）

计算统计得到的结构材料用量比较（抗震设防烈度的影响效果）如表11-2所示。

案例1各项目结构材料用量比较（抗震设防烈度的影响效果）　　　　　表 11-2

项目编号	钢筋用量（kg/m²）	钢筋用量比值	混凝土用量（m³/m²）	混凝土用量比值	抗震设防烈度
项目1	46.7	100%	0.38	100%	6度（0.05g）
项目2	53.7	约115%	0.40	约105%	7度（0.10g）
项目3	74.5	约160%	0.41	约108%	8度（0.20g）

案例2，列举了3个实际工程项目，均采用框架—剪力墙结构体系，抗震设防烈度分别为6度（0.05g）、7度（0.10g）、8度（0.20g），案例2各项目的平面简图（抗震设防烈度的影响效果）如图11-2所示，案例2各项目的概况（抗震设防烈度的影响效果）见表11-3。

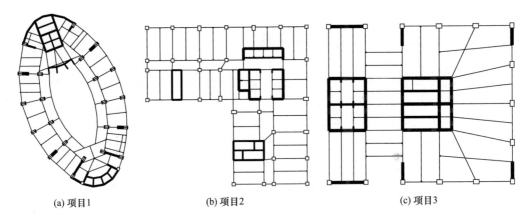

| (a) 项目1 | (b) 项目2 | (c) 项目3 |

图 11-2　案例 2 各项目平面简图（抗震设防烈度的影响效果）

案例 2 各项目概况（抗震设防烈度的影响效果）				表 11-3
项目编号	建设地点	结构高度（m）	结构体系	抗震设防烈度
项目 1	黑龙江哈尔滨	156	框架—剪力墙	6 度（0.05g）
项目 2	广西南宁	163	框架—剪力墙	7 度（0.10g）
项目 2	宁夏银川	146	框架—剪力墙	8 度（0.20g）

计算得到案例 2 各项目结构材料用量比较（抗震设防烈度的影响效果）如表 11-4 所示。

案例 2 各项目结构材料用量比较（抗震设防烈度的影响效果）					表 11-4
项目编号	钢筋用量（kg/m²）	钢筋用量比值	混凝土用量（m³/m²）	混凝土用量比值	抗震设防烈度
项目 1	42.3	100%	0.23	100%	6 度（0.05g）
项目 2	80.2	约 190%	0.42	约 183%	7 度（0.10g）
项目 3	107.3	约 254%	0.53	约 230%	8 度（0.20g）

依据案例 1 和案例 2 的计算统计结果，我们可以得到以下结论：

（1）两组案例分别固定了结构高度和结构体系两个非讨论范畴影响因素，可以独立地展示抗震设防烈度对于结构总体经济性指标的影响。

（2）结构整体钢筋用量对于抗震设防烈度较为敏感，随着抗震设防烈度的提高有明显增加。

（3）结构整体混凝土用量对于抗震设防烈度的敏感程度相对偏低，但也基本在正相关范畴。

（4）结构高度越高，结构整体钢筋和混凝土用量对于抗震设防烈度的敏感性越高，本节中案例 2（结构高度 150m 左右）的混凝土和钢筋用量随着抗震设防烈度提高，增幅大，而案例 1 的混凝土和钢筋用量增幅小。

（5）鉴于抗震设防烈度对于建筑工程项目的结构成本影响巨大，我们可以依据项目所在地的抗震设防烈度，初步预估本工程项目的投资规模，并以此作为项目前期阶段其他成本影响要素的重要决策参考依据。

本节选用的两组工程案例都属于结构高度相对较高的结构单体，一组是框架—核心筒结构体系，另一组是框架—剪力墙结构体系，都属于超高层建筑常用结构体系。采用这个高度级别的案例能够充分地展示抗震设防烈度对于结构整体造价的影响。对结构高度较低的工程项目（例如采用框架结构体系的多层建筑案例），此处未一一列举，但整体结论与上述案例结论基本一致。

11.3 结构高度及其影响效果

依据本章提出的 3 个主要影响因素，独立研究结构高度及其影响效果相对困难，因此，本节分别选取 3 组案例作为研究对象。前两组案例精心选择同一工程项目多个结构单体（即选择相同的抗震设防烈度），选用相同结构体系，但在高度不同的情况下，以相对独立的研究，表明结构高度对项目结构造价的影响。后一组案例选用同一工程项目的多个结构单体，研究结构体系随高度增加时，结构高度对项目结构造价的影响。

案例 1，宁夏银川某项目，主楼为两栋结构单体，结构高度分别为 146m（A 栋单体）和 100m（B 栋单体），抗震设防烈度 8 度（0.2g）。均采用框架—剪力墙结构体系。宁夏银川某项目平面和立面示意如图 11-3 及图 11-4 所示。

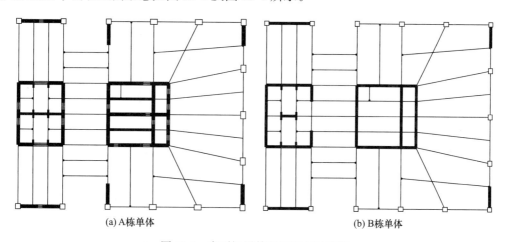

(a) A栋单体　　　　　　　　　(b) B栋单体

图 11-3　宁夏银川某项目平面示意图

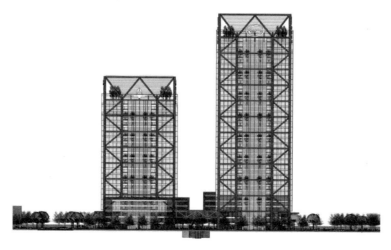

图 11-4　宁夏银川某项目立面示意图

计算统计得到的宁夏银川某项目结构材料用量比较如表11-5所示。

宁夏银川某项目结构材料用量比较 表 11-5

单体名称	钢筋用量 （kg/m²）	钢筋用量比值	混凝土用量 （m³/m²）	混凝土用量比值	结构高度（m）
A栋单体	107.3	约125%	0.53	约129%	146
B栋单体	85.7	100%	0.41	100%	100

案例2，山东青岛某项目，主楼为三栋结构单体，结构高度分别为96m（A栋单体）、88m（B栋单体）和82m（C栋单体），抗震设防烈度7度（0.10g），均采用框架—核心筒结构体系。山东青岛某项目三栋结构单体的平面和立面示意图如图11-5及图11-6所示。

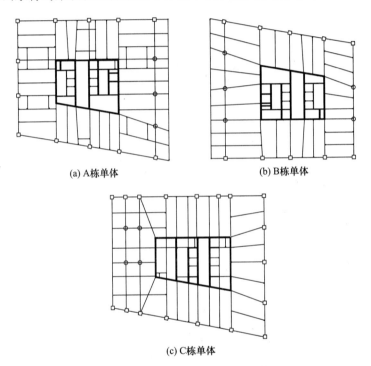

(a) A栋单体   (b) B栋单体

(c) C栋单体

图 11-5　山东青岛某项目平面示意图

计算统计得到的山东青岛某项目结构材料用量比较如表11-6所示。

依据案例1和案例2的计算统计结果，我们可以得到以下结论：

（1）两组案例分别固定了抗震设防烈度和结构体系两个非讨论范畴影响因素，可以独立地展示结构高度对于结构总体经济性指标的影响。

（2）结构整体钢筋用量与结构高度为正相关，当结构高度相差较大时，钢筋用量显著增加，但当结构高度差距较小时，钢筋用量增加并不明显。

（3）结构整体混凝土用量仅在结构高度相差较大时有一定增加，当结构高差较小时，结构整体混凝土用量无明显差异。

案例3选用同一工程项目的多个结构单体，研究伴随结构体系调整时，结构高度对项目结构造价的影响。

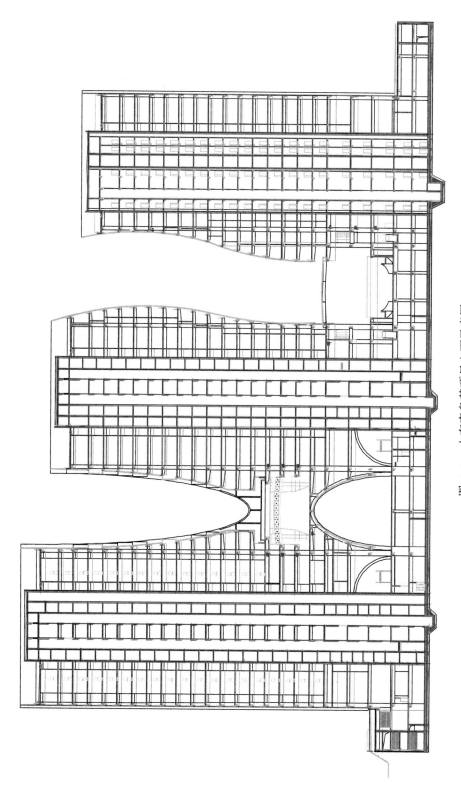

图11-6 山东青岛某项目立面示意图

山东青岛某项目结构材料用量比较 表 11-6

单体名称	钢筋用量（kg/m²）	钢筋用量比值	混凝土用量（m³/m²）	混凝土用量比值	结构高度（m）
A栋单体	53.7	约110％	0.40	100％	96
B栋单体	49.7	约102％	0.41	约103％	88
C栋单体	48.7	100％	0.40	100％	82

案例3，浙江宁波某项目，主楼为6栋结构单体，结构高度为17～98m，抗震设防烈度6度（0.05g），各单体分别采用了框架、框架—剪力墙和框架—核心筒3种结构体系。浙江宁波某项目平面布置如图11-7所示。

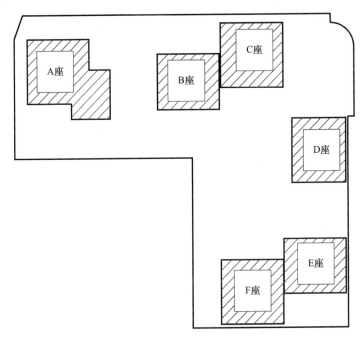

图 11-7 浙江宁波某项目平面布置图

计算得到的浙江宁波某项目各栋单体结构材料用量比较如表11-7所示。

浙江宁波某项目各栋单体结构材料用量比较 表 11-7

单体名称	钢筋用量（kg/m²）	钢筋用量比值	混凝土用量（m³/m²）	混凝土用量比值	结构体系	结构高度（m）
A栋单体	43.1	约113％	0.37	约132％	框架—核心筒	77
B栋单体	38.1	100％	0.32	约114％	框架—剪力墙	34
C栋单体	46.7	约123％	0.38	约136％	框架—核心筒	98
D栋单体	43.0	约113％	0.36	约129％	框架—剪力墙	53
E栋单体	42.6	约112％	0.28	100％	框架	17
F栋单体	46.2	约121％	0.38	约136％	框架—核心筒	77

依据案例3的计算统计结果，我们可以得到以下结论：

（1）案例3固定了抗震设防烈度作为非讨论范畴影响因素，研究了以结构体系随高度合理调整为前提，结构整体经济性指标随着结构高度提升的变化趋势。

（2）结构体系的合理调整不会影响结构整体钢筋用量与结构高度基本正相关的变化趋势，当结构高度相差较大时，钢筋用量依然有显著增加。

（3）结构整体混凝土用量受结构体系调整影响较大，已经不能仅就结构高度调整来衡量混凝土用量的变化趋势，应将上述两个因素作为影响结构整体混凝土用量的共同作用因素。

11.4 结构体系及其影响效果

工程项目的结构体系通常是由抗震设防烈度、结构高度、建筑平面布置等多种因素共同影响并确定的。但是在很多情况下，即便其他条件基本一致，结构体系的选型也具有不唯一性。在这些情况下，项目前期阶段能够有效地分析结构体系选型对于项目整体结构造价的影响就显得尤为重要。本节针对高层、超高层建筑常见的框架—剪力墙和框架—核心筒结构体系经济性比选及多层建筑常见的框架和框架—剪力墙、框架和少墙框架结构体系经济性比选展开分析，通过数组实际工程案例展示了在其他条件基本相当的情况下，结构体系选型对于项目整体结构成本的影响。

1）高层、超高层建筑结构体系选型比较及主要结论。

案例 1，选取的两个建筑高度均为 150m，抗震设防烈度均为 7 度（0.10g）。项目 1位于内蒙古鄂尔多斯，采用框架—核心筒结构体系，项目 2 位于广西南宁，采用框架—剪力墙结构体系。两个项目平面简图（高度 150m）如图 11-8 所示，两个项目概况（高度150m）如表 11-8 所示。

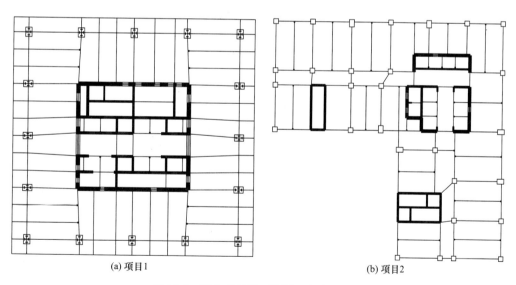

(a) 项目1   (b) 项目2

图 11-8 两个项目平面简图（高度 150m）

两个项目概况（高度 150m）   表 11-8

项目编号	建设地点	高度（m）	抗震设防烈度	结构体系
项目 1	内蒙古鄂尔多斯	150	7 度（0.10g）	框架—核心筒
项目 2	广西南宁	150	7 度（0.10g）	框架—剪力墙

计算得到两个项目结构材料用量比较（高度150m）如表11-9所示。

两个项目结构材料用量比较（高度150m）   表11-9

项目编号	钢筋用量（kg/m²）	钢筋用量比值	混凝土用量（m³/m²）	混凝土用量比值	结构体系
项目1	85.7	约107%	0.46	约110%	框架—核心筒
项目2	80.2	100%	0.42	100%	框架—剪力墙

案例2，选取的两个建筑高度均为100m，抗震设防烈度均为8度（0.20g），均位于宁夏银川。项目1采用框架—核心筒结构体系，项目2采用框架—剪力墙结构体系。两个项目平面简图（高度100m）如图11-9所示，两个项目概况（高度100m）如表11-10所示。

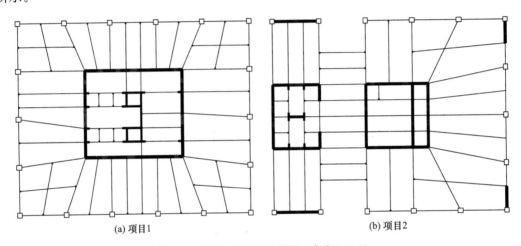

(a) 项目1　　　　　　　　　　　　　　　(b) 项目2

图11-9　两个项目平面简图（高度100m）

两个项目概况（高度100m）   表11-10

项目编号	建设地点	结构高度（m）	抗震设防烈度	结构体系
项目1	宁夏银川	100	8度（0.20g）	框架—核心筒
项目2	宁夏银川	100	8度（0.20g）	框架—剪力墙

计算得到两个项目结构材料用量比较（高度100m）如表11-11所示。

两个项目结构材料用量比较（高度100m）   表11-11

项目编号	钢筋用量（kg/m²）	钢筋用量比值	混凝土用量（m³/m²）	混凝土用量比值	结构体系
项目1	74.5	100%	0.36	100%	框架—核心筒
项目2	85.7	约115%	0.41	约114%	框架—剪力墙

依据案例1和案例2的计算结果，我们可以得到以下结论：

（1）对于高层和超高层建筑，采用框架—核心筒结构体系和采用框架—剪力墙结构体系，项目整体钢筋和混凝土用量并无较大差异。

（2）对于高层和超高层建筑，项目整体钢筋和混凝土用量大小与所选用的结构体系并无明显对应关系（案例1与案例2在该问题上结论相反）。

（3）高层和超高层建筑的结构体系选型，可主要考虑建筑平、立面要求等其他因素，结构体系本身对项目结构成本影响可仅作为次要考虑因素。

2）多层建筑结构体系选型比较及主要结论。

案例1，选取的建筑位于山东泰安，地上共有3个结构单体，单体A座、单体B座和单体C座高度均为17～19m，抗震设防烈度均为7度（0.10g），作为本案例的研究对象。A座单体和C座单体采用框架—剪力墙结构体系，B座单体采用框架结构体系。各结构单体的平面布置图（高度17～19m）如图11-10所示。

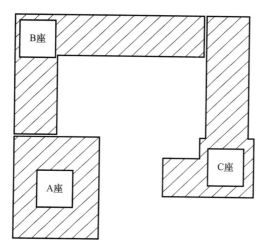

图11-10 各结构单体的平面布置图（高度17～19m）

计算得到的各结构单体结构材料用量比较（高度17～19m）如表11-12所示。

各结构单体结构材料用量比较（高度17～19m）　　　　表11-12

单体名称	钢筋用量（kg/m²）	钢筋用量比值	混凝土用量（m³/m²）	混凝土用量比值	结构体系
A座	37.8	约117%	0.29	约121%	框架—剪力墙
B座	32.2	100%	0.24	100%	框架
C座	35.7	约111%	0.30	125%	框架—剪力墙

案例2，选取的建筑位于南美洲某国，结构高度23m，抗震设防烈度8度（0.30g）。在该建筑的实际设计过程中，设计师分别讨论了采用框架—剪力墙结构体系和框架结构体系的可能性，将其分别作为方案1和方案2得到初步设计成果，本案例加以引用，以考察结构体系对于工程项目结构造价的影响。南美洲某国建筑的两个方案结构平面简图如图11-11所示。

计算得到的南美洲某国建筑的两个方案结构材料用量比较如表11-13所示。

依据案例1和案例2的计算结果，我们可以得到以下结论：

（1）对于多层建筑，采用框架—剪力墙结构体系和采用框架结构体系，项目整体钢筋和混凝土用量并无较大差异。

（2）对于多层建筑，采用框架—剪力墙结构体系，其结构部分钢筋和混凝土用量略大于框架结构体系相应用量，但考虑建筑工程（如砌块墙的工程量）部分后，差异可基本消除。

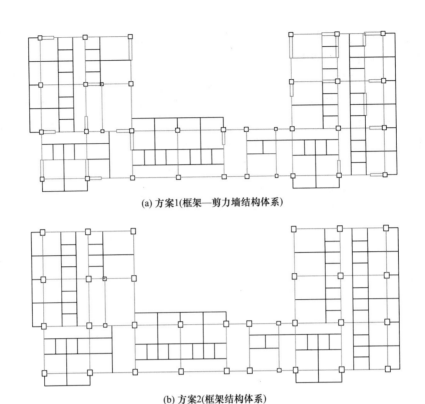

(a) 方案1(框架—剪力墙结构体系)

(b) 方案2(框架结构体系)

图 11-11　南美洲某国建筑的两个方案结构平面简图

南美洲某国建筑的两个方案结构材料用量比较　　　　　　　　　　表 11-13

方案	钢筋用量 （kg/m²）	钢筋用量 比值	混凝土用量 （m³/m²）	混凝土 用量比值	结构体系
方案 1	44.6	约 101%	0.36	约 113%	框架—剪力墙
方案 2	44.2	100%	0.32	100%	框架

（3）对于多层建筑（层数在 3 层及以上，抗震设防烈度在 7 度及以上时），在建筑平面允许的前提下，尽量采用框架—剪力墙结构体系可以在有限增加或基本不增加结构造价的前提下较大地提升结构的抗震性能，是相对合理的结构体系选项。

3）多层建筑结构体系选型比较及主要结论。

本案例的建筑在浙江慈溪，高度 14m，抗震设防烈度 6 度（0.05g）。该项目在实际设计过程中分别采用框架结构体系和少墙框架结构体系，分别作为方案 1 和方案 2 得到了初步设计成果。浙江慈溪项目两个方案平面简图如图 11-12 所示。

计算得到的浙江慈溪项目两个方案结构材料用量比较如表 11-14 所示。

依据本案例的统计结果，我们可以得到以下结论：

（1）对于多层建筑，采用框架结构体系和采用少墙框架结构体系，项目整体钢筋和混凝土用量基本一致。

（2）对于多层建筑，在建筑平面允许的前提下，尽量采用少墙框架结构体系可以在基本不增加结构造价的前提下，较大地提升结构的抗震性能，是相对合理的结构体系选项。

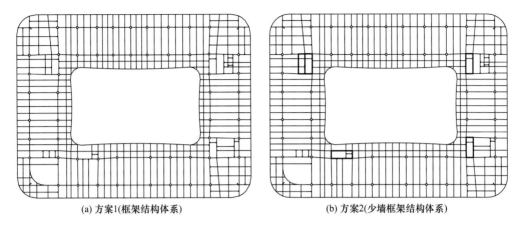

(a) 方案1(框架结构体系)　　　　　　　(b) 方案2(少墙框架结构体系)

图 11-12　浙江慈溪项目两个方案平面简图

浙江慈溪项目两个方案结构材料用量比较　　　表 11-14

方案	钢筋用量 （kg/m²）	钢筋用量 比值	混凝土用量 （m³/m²）	混凝土 用量比值	结构体系
方案 1	29.5	100%	0.23	100%	框架
方案 2	29.5	100%	0.24	约 104%	少墙框架

第12章 结构构件用钢量影响因素案例研究

结构设计优化问题，其最核心的工作内容为构件层面的用钢量控制问题。基于上述需求，对各类结构构件的影响因素及其影响效果分析是至关重要的。本章以楼板、结构梁、框架柱、剪力墙 4 类主要结构构件的用钢量为因变量，选取抗震设防烈度、结构高度和结构体系选型 3 个主要影响因素作为自变量，研究其影响效用的变化趋势效果及敏感程度。研究结论可以作为项目前期方案决策及项目设计过程成本控制的有力数据支撑。

3 类主要影响因素的选取原因说明如下：

1）抗震设防烈度。抗震设防烈度的高低直接影响作用于结构上的水平地震作用大小，通过抗震计算和抗震措施，对结构造价产生直接影响。有效研究并了解抗震设防烈度对于结构构件用钢量的影响程度，对于预估建设项目结构投资、合理控制其他造价影响因素具有重要的指导性意义。

2）结构高度。结构高度将会直接影响水平地震作用的作用效果。结构高度越高的建筑物，在结构造价中，用在抵抗水平地震作用的花费越高。有效研究并了解结构高度对于结构构件用钢量的影响程度，对于在方案阶段合理确定建筑物体形或在既定体形下充分预估项目投资具有重要参考意义。

3）结构体系选型。在结构设计中，应用不同的结构体系以应对不同的设计条件，但在很多情况下，在抗震相同或是相似的设计条件下，可能同时具有两种或更多种理论可行的结构体系选型方案。通过研究相同或相似条件下结构体系对于各类结构构件用钢量的影响，可以有效地指导结构体系的选型工作。

12.1 案例介绍

为了清晰地展示抗震设防烈度、结构高度和结构体系 3 类主要影响因素的作用效果，所选的工程案例涵盖以下范围：

1）抗震设防烈度为 6 度区、7 度区的实际工程案例。

2）结构高度为 15～170m 的各类实际工程案例。

3）框架、框架—剪力墙、框架—核心筒 3 类结构体系（剪力墙结构体系、钢框架结构体系等其他结构体系，其对应的设计方法、设计内容、材料用量统计等相对独立，关联性较低，在此不作为影响因素的研究范围）。

对于案例的基本情况，仅选择两个典型案例说明。

案例 1，浙江宁波某项目，主楼为 6 栋单体结构，结构高度为 17～98m，抗震设防烈度 6 度（0.05g），各单体分别采用了框架、框架—剪力墙和框架—核心筒结构体系。浙江宁波某项目平面布置图如图 11-7 所示。

案例 2，选取的两个工程项目高度均为 150m，抗震设防烈度均为 7 度（0.10g）。其中，项目 1 位于内蒙古鄂尔多斯，采用框架—核心筒结构体系，项目 2 位于广西南宁，采用框架—剪力墙结构体系。两个项目的平面简图如图 11-8 所示。

12.2 楼板用钢量及其影响因素

选择楼板这类非抗震构件的用钢量及其影响因素作为研究对象，楼板用钢量及其影响因素统计结果如图 12-1 所示。

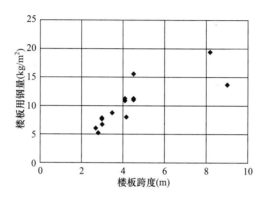

图 12-1 楼板用钢量及其影响因素统计结果

依据如图 12-1 所示的统计结果，有如下结论：
1）楼板用钢量大部分为 5～15kg/m²。
2）楼板用钢量与板跨基本呈正相关。
3）板跨超过 5m 后，受楼板厚度增加的影响，楼板用钢量增速减缓。
4）相对于梁、柱、墙等其他类型的结构，楼板用钢量的控制因素较为单一，除荷载等外部不可控条件外，基本主要受板跨影响（依据设计需求，除嵌固端、人防顶板等少数特殊情况外，楼板厚度等其他可能影响因素实际也基本依据楼板跨度确定）。

12.3 结构梁用钢量及其影响因素

本节选择结构梁用钢量及其影响因素作为研究对象，分别按照结构梁用钢量与地震烈度、结构高度、结构体系 3 个影响因素的作用效果进行研究。
1）结构梁用钢量与地震烈度关系统计结果如图 12-2 所示。
依据图 12-2 所示的统计结果，有如下结论：
（1）梁用钢量大部分为 10～25kg/m²。
（2）梁用钢量与设防烈度基本呈正相关。
（3）设防烈度越低，梁用钢量统计结果越离散，可认为除烈度以外的梁跨度、梁间距及荷载等条件对梁用钢量的影响明显，反之，烈度越高，设防烈度对梁用钢量的控制越明显。
2）结构梁用钢量与结构高度关系统计结果如图 12-3 所示。

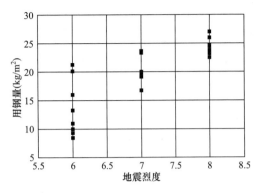

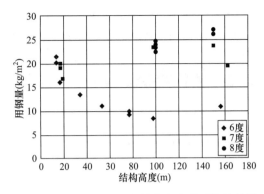

图 12-2　结构梁用钢量与地震烈度关系统计结果　　图 12-3　结构梁用钢量与结构高度关系统计结果

依据图 12-3 所示的统计结果，有如下结论：

（1）在低烈度区，梁用钢量与结构高度无明显关系，主要受跨度、梁间距及荷载等因素控制。

（2）在高烈度区，梁用钢量与设防烈度基本呈正相关，但依然较为离散。

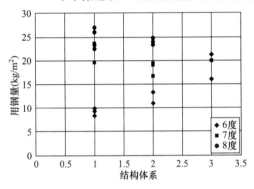

（3）梁用钢量在设防烈度较高时，会受到结构高度的影响，但并不明显；在设防烈度较低时，与结构高度不相关，可认为结构高度对梁用钢量不起主要控制作用。

3）结构梁用钢量与结构体系关系统计结果如图 12-4 所示。（图中横坐标 1 代表框架—核心筒结构体系；2 代表框架—剪力墙结构体系；3 代表框架结构体系）

依据图 12-4 所示的统计结果，有如下结论：

图 12-4　结构梁用钢量与结构体系关系统计结果

（1）在低烈度区，梁用钢量与结构体系无明显关系，主要受梁跨度、梁间距及荷载等因素控制。

（2）在高烈度区，框架—核心筒及框架—剪力墙结构体系的梁用钢量相对较高。

（3）梁用钢量在设防烈度较高时，会受到结构体系影响；在设防烈度较低时，与结构高度完全不相关，可认为结构体系对梁用钢量的影响并不显著。

12.4　框架柱用钢量及其影响因素

本节选择框架柱用钢量及其影响因素作为研究对象，分别按照框架柱用钢量与地震烈度、结构高度、结构体系 3 个影响因素的作用效果进行研究。

1）框架柱用钢量与地震烈度关系统计结果如图 12-5 所示。

依据图 12-5 所示的统计结果，具体分析结论说明如下：

（1）框架柱钢筋用量通常为 4～13kg/m²。

（2）框架柱钢筋用量与设防烈度基本呈正相关。

（3）无论设防烈度有多高，同一烈度下框架柱的钢筋用量统计结果均较为离散。可以认为，设防烈度对框架柱钢筋用量有一定影响，但并不是主要影响因素。

2）框架柱用钢量与结构高度关系统计结果如图 12-6 所示。

依据如图 12-6 所示的统计结果，有如下结论：

（1）在低烈度区，框架柱用钢量与结构高度无明显关系。

（2）在中高烈度区，框架柱用钢量与设防烈度基本呈正相关，但依然较为离散。

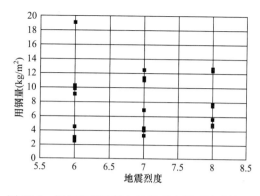

图 12-5　框架柱用钢量与地震烈度关系统计结果

（3）框架柱用钢量在结构总用钢量中所占比例较低，可不作为用钢量控制的主要目标。

3）框架柱用钢量与结构体系关系统计结果如图 12-7 所示（图中横坐标 1 代表框架—核心筒结构体系；2 代表框架—剪力墙结构体系；3 代表框架结构体系）。

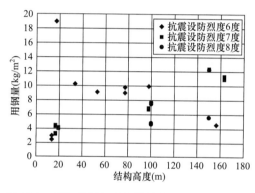

图 12-6　框架柱用钢量与结构高度关系统计结果

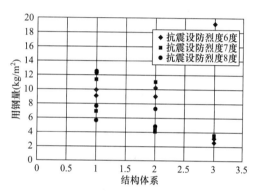

图 12-7　框架柱用钢量与结构体系关系统计结果

依据如图 12-7 所示的统计结果，具体分析结论说明如下：

（1）框架、框架—剪力墙、框架—核心筒 3 种结构体系，框架柱用钢量递增。

（2）框架结构体系，框架柱用钢量统计结果较为集中，而框架—剪力墙和框架—核心筒结构体系，框架柱用钢量统计结果较为离散。

12.5　剪力墙用钢量及其影响因素

本节选择剪力墙用钢量及其影响因素作为研究对象，分别按照剪力墙用钢量与地震烈度、结构高度、结构体系 3 个影响因素的作用效果进行研究。

1）剪力墙用钢量与地震烈度关系统计结果如图 12-8 所示。

依据如图 12-8 所示的统计结果，具体分析结论说明如下：

（1）剪力墙用钢量通常为 $5 \sim 65 \mathrm{kg/m^2}$，相对其他类型的结构构件，统计结果分布最离散。

（2）剪力墙用钢量与抗震设防烈度呈明显正相关。

（3）抗震设防烈度越高，剪力墙用钢量统计结果分布越离散，即受结构高度、结构布置等其他因素的影响越明显。

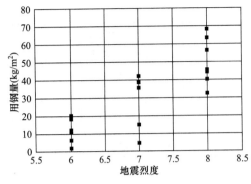

图 12-8　剪力墙用钢量与地震烈度关系统计结果

2）剪力墙用钢量与结构高度关系统计结果如图 12-9 所示。

依据如图 12-9 所示的统计结果，具体分析结论说明如下：

（1）在低烈度区，框架柱用钢量与结构高度无明显关系。

（2）剪力墙用钢量与抗震设防烈度基本呈正相关，但依然较为离散。

（3）在同一高度，在相同抗震设防烈度条件下，剪力墙用钢量分布极为离散（尤其是 100m 以上的超高层建筑），说明超高层建筑，除抗震设防烈度和结构高度外，剪力墙的平面布置对剪力墙部分的用钢量也有明显控制作用。

3）剪力墙用钢量与结构体系关系统计结果如图 12-10 所示（注：图中横坐标 1 代表框架—核心筒结构体系；2 代表框架—剪力墙结构体系；3 代表框架结构体系）。

依据如图 12-10 所示的统计结果，得出结论：剪力墙的用钢量与结构体系无明显关系。

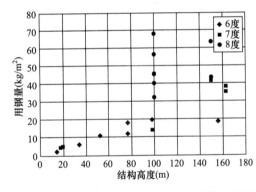

图 12-9　剪力墙用钢量与结构高度关系统计结果

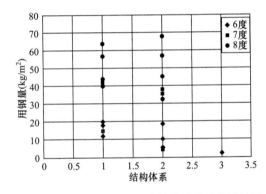

图 12-10　剪力墙用钢量与结构体系关系统计结果

12.6　结构整体用钢量及其影响因素

本节选择结构整体用钢量及其影响因素作为研究对象，分别按照结构整体用钢量与地震烈度、结构高度、结构体系 3 个影响因素的作用效果进行研究。

1）结构整体用钢量与地震烈度关系统计结果如图 12-11 所示。

依据如图 12-11 所示的统计结果，具体分析结论说明如下：

（1）结构整体用钢量通常为 30～110kg/m²。

（2）结构整体用钢量与抗震设防烈度明显呈正相关。

（3）在低烈度区，结构的整体用钢量分布较为集中；在中高烈度区，结构的整体用钢量分布相对离散，可以理解为用钢量控制因素在低烈度区受竖向荷载控制，在中高烈度区，逐步转化为受水平地震作用控制。

2）结构整体用钢量与结构高度关系统计结果如图 12-12 所示。

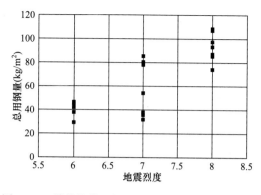 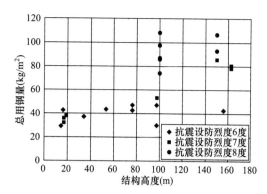

图 12-11 结构整体用钢量与地震烈度关系统计结果　图 12-12 结构整体用钢量与结构高度关系统计结果

依据如图 12-12 所示的统计结果，具体分析结论说明如下：

（1）在低烈度区，结构整体用钢量与结构高度无明显关系。

（2）在中高烈度区，结构整体用钢量与结构高度基本呈正相关，但依然较为离散。

（3）上述情况可以理解为：在低烈度区，结构整体用钢量主要受竖向荷载控制，在中高烈度区，逐步转化为受水平地震作用控制，故与结构高度呈正相关，但剪力墙等竖向构件的平面布置差别依然引起了很大的离散性。

3）结构整体用钢量与结构体系关系统计结果如图 12-13 所示（注：图中横坐标 1 代表框架—核心筒结构体系；2 代表框架—剪力墙结构体系；3 代表框架结构体系）。

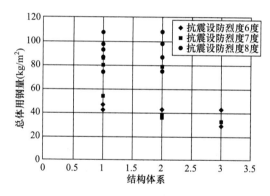

图 12-13　结构整体用钢量与结构体系关系统计结果

依据如图 12-13 所示的统计结果，得出以下结论：框架—剪力墙和框架—核心筒结构体系的整体用钢量明显高于框架结构体系的整体用钢量，在中高烈度区尤为明显，主要是框架—剪力墙和框架—核心筒结构体系主要应用于高层和超高层结构，而框架结构体系多用于多层结构，故在中高烈度区，地震作用起了主要控制作用。

第 13 章　高层建筑筒体剪力墙优化后结构
安全性能研究

在结构工程设计中，为有效地保证设计成果的经济合理属性，优化设计方法的使用是常见手段。尤其是在高层建筑中，剪力墙筒体作为抗侧力体系的主要构成部分，承担了大部分水平地震作用，其所占用的结构材料用量比例，即结构造价比例最高。此前研究表明，高层建筑中，筒体剪力墙用钢量比例最高，其用量变化对整体结构用钢量的影响最为显著，能够基本覆盖梁、板、柱等其他构件的用钢量影响。与此相对应，高层建筑中的筒体剪力墙自然成为结构优化设计的重点区域，对应措施效果亦相对显著。

常规高层建筑筒体剪力墙优化设计方法通常可以较好地满足结构经济性要求，有效地降低钢筋和混凝土等结构材料用量，合理地控制结构造价。但在结构设计的基本层面，即结构安全性分析层面，往往仅限于小震工况满足规范相关要求即可，未对罕遇地震工况下"大震不倒"规范要求及对应抗侧力体系的损伤程度进行系统分析。

故本节立足于两个高层建筑筒体剪力墙优化设计的实际工程案例，对罕遇地震工况下优化前后主体结构的"大震不倒"属性及主要结构构件损伤发展趋势进行系统研究，有效地论证优化设计方法在充分实现结构经济性的基础上，依然可以有效地满足结构安全性要求，最终实现同时满足经济、安全双重指标的合理化结构设计目标。

考虑多遇地震工况下的相关控制要求是规范的要求，一般设计都可满足，故本章对于结构安全性的验证研究主要从罕遇地震工况的不倒塌要求及抗侧力体系构件损伤发展的角度展开。

13.1　案例概况

案例 1 选用高层建筑最为常见的框架—核心筒结构体系，结构高度约 100m，抗震设防烈度为 8 度（0.20g）。

案例 2 选用高层建筑相对常见的框架—剪力墙结构体系，交通核心区域局部设置筒体，结构高度约 100m，抗震设防烈度为 8 度（0.20g）。

案例 1 和案例 2 的标准层平面分别如图 13-1 和图 13-2 所示。

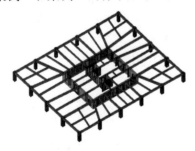

图 13-1　案例 1 标准层平面
（框架—核心筒高层建筑）

图 13-2　案例 2 标准层平面
（框架—剪力墙高层建筑）

13.2 优化设计方法

以下对本节两个工程案例所选用的优化设计方法进行简要介绍：

1）在高层建筑剪力墙筒体结构设计过程中，筒体布置，尤其是外筒和内墙的布置至关重要。合理加强外筒，减少外墙筒体开洞，加大外墙筒体墙肢长度，合理削减内墙，降低抗侧力贡献较低部分的结构墙肢数量可以有效地提升筒体剪力墙的工作效率，减少低效率墙肢和边缘构件，有效地降低主体结构钢筋用量，适量降低主体结构混凝土用量。

2）在高层建筑剪力墙筒体结构设计过程中，剪力墙墙肢设计，尤其是墙肢长度至关重要。合理减少开洞，在非建筑或设备专业必需条件下，尽量减少结构开洞数量，可以有效地提升筒体剪力墙墙肢的工作效率，增大计算截面高度，有效地降低主体结构钢筋用量。

3）在高层建筑剪力墙筒体结构设计过程中，连梁设置，尤其是连梁高度设定至关重要。在条件允许的前提下，对于非设备专业出线要求的剪力墙洞口位置，适当加高连梁或者直接将连梁高取至门洞顶，可以有效地提升筒体剪力墙的联合工作效率，提升筒体的整体抗侧刚度，有效地减少主体结构钢筋用量。

依据上述优化设计方法，案例1优化前后标准层平面（框架—核心筒高层建筑）分别如图13-3、图13-4所示。案例1优化前后结构材料用量统计（框架—核心筒高层建筑）如表13-1所示。

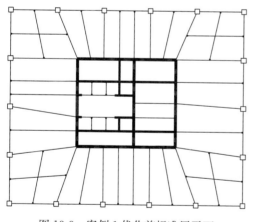
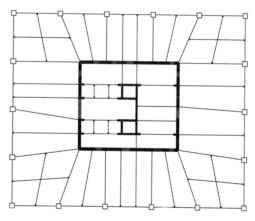

图 13-3　案例1优化前标准层平面　　　　图 13-4　案例1优化后标准层平面
（框架—核心筒高层建筑）　　　　　　　（框架—核心筒高层建筑）

案例1优化前后结构材料用量统计（框架—核心筒高层建筑）　　　　表 13-1

结构方案	钢筋（kg/m^2）	混凝土（m^3/m^2）	房屋高度（m）	结构体系
优化前	87.29	0.38	100	框架—核心筒
优化后	74.53	0.36	100	框架—核心筒

依据前述优化设计方法，案例2优化前后标准层平面（框架—核心筒高层建筑）分别如图13-5、图13-6所示。

案例2优化前后结构材料用量统计（框架—核心筒高层建筑）如表13-2所示。

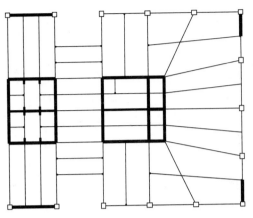
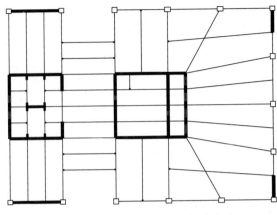

图 13-5　案例 2 优化前标准层平面　　　　　图 13-6　案例 2 优化后标准层平面
（框架—核心筒高层建筑）　　　　　　　　（框架—核心筒高层建筑）

案例 2 优化前后结构材料用量统计（框架—核心筒高层建筑）　　　表 13-2

结构方案	钢筋（kg/m²）	混凝土（m³/m²）	房屋高度（m）	结构体系
优化前	107.84	0.43	100	框架—剪力墙
优化后	85.71	0.41	100	框架—剪力墙

13.3　"大震不倒"结构安全性验证

本节首先针对两组案例的"大震不倒"属性进行安全性论证，即考察两组案例的优化前后计算模型在罕遇地震作用下的层间位移角计算值是否均满足规范相关要求。

本节采用显式弹塑性动力分析软件（SAUSAGE）进行罕遇地震作用的动力弹塑性时程分析。罕遇地震作用的动力弹塑性时程分析采用双向地震输入，主次方向加速度比值为 1:0.85，大震弹塑性分析 3 组地震波 6 个工况（3 组地震波 X2 方向）。输入中考虑 2 个方向地震动的影响。选择的地震波波形和加速度谱如图 13-7～图 13-12 所示。

当采用 SAUSAGE 软件进行罕遇地震作用的动力弹塑性时程分析时，案例 1 在罕遇地震波作用下，优化前得到的层间位移角如图 13-13、图 13-14 所示，优化后得到的层间位移角如图 13-15、图 13-16 所示。

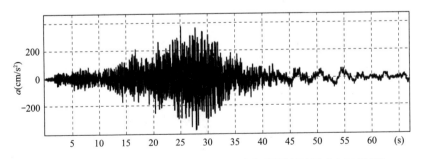

图 13-7　天然波 TH052TG045_EL MAYOR-CUCAPAH 4-4-2010 EL
CENTRO-MEADOWS. X 向

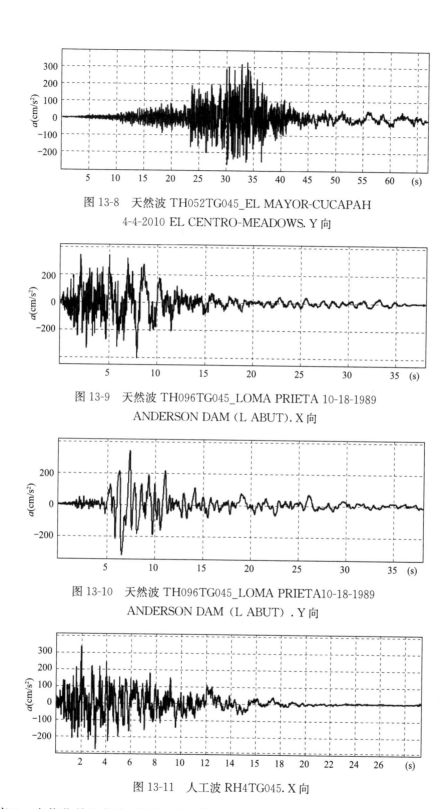

图 13-8　天然波 TH052TG045_EL MAYOR-CUCAPAH
4-4-2010 EL CENTRO-MEADOWS. Y 向

图 13-9　天然波 TH096TG045_LOMA PRIETA 10-18-1989
ANDERSON DAM（L ABUT）. X 向

图 13-10　天然波 TH096TG045_LOMA PRIETA10-18-1989
ANDERSON DAM（L ABUT）. Y 向

图 13-11　人工波 RH4TG045. X 向

　　方案 1，在优化前和优化后采用动力弹塑性时程分析沿轴网正交方向得到的最大层间
位移角 X 向分别为 1/150 和 1/110，Y 向分别为 1/182 和 1/108。虽然，优化后的弹塑性
层间位移角有所增大，但是，都能满足规范不大于 1/100 的设计要求。由此可见，优化前

后的结构方案在罕遇地震作用下有良好的抗震性能，均可以较好地满足规范"大震不倒"的设计要求，结构安全性得到有效验证。

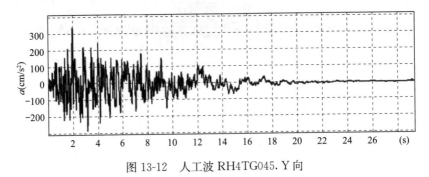

图 13-12 人工波 RH4TG045.Y 向

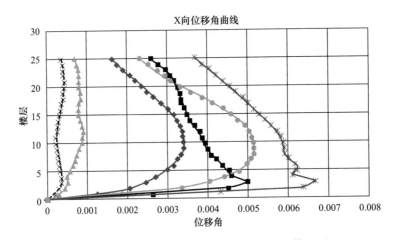

图 13-13 案例 1 优化前 X 向层间位移角（最大值：1/150）

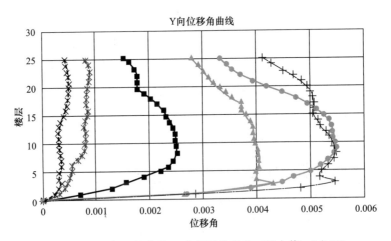

图 13-14 案例 1 优化前 Y 向层间位移角（最大值：1/182）

当采用 SAUSAGE 软件进行罕遇地震作用的动力弹塑性时程分析时，案例 2 在罕遇地震波作用下，优化前得到的层间位移角如图 13-17、图 13-18 所示，优化后得到的层间位移角如图 13-19、图 13-20 所示。

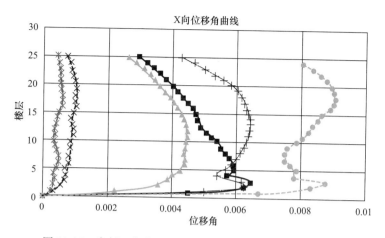

图 13-15 案例 1 优化后 X 向层间位移角（最大值：1/110）

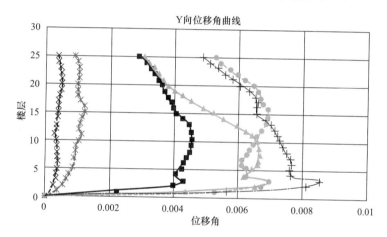

图 13-16 案例 1 优化后 Y 向层间位移角（最大值：1/108）

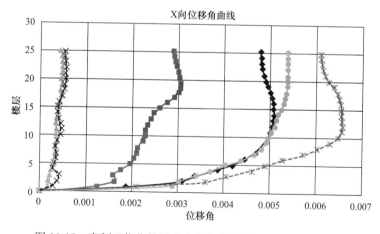

图 13-17 案例 2 优化前层 X 向层间位移角（最大值：1/151）

方案 2，在优化前和优化后采用动力弹塑性时程分析沿轴网正交方向得到的最大层间位移角 X 向分别为 1/151 和 1/110，Y 向分别为 1/165 和 1/109。虽然优化后的弹塑性层间位移角有所增大，但是都能满足规范上不大于 1/100 的设计要求。由此可见，优化前后的结构方案在罕遇地震作用下有良好的抗震性能，均可以较好地满足规范"大震不倒"的设计要求，结构安全性得到有效验证。

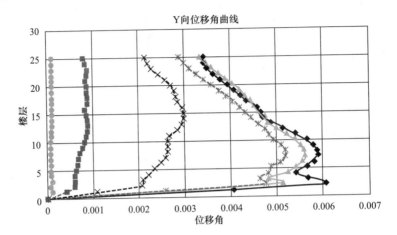

图 13-18　案例 2 优化前 Y 向层间位移角（最大值：1/165）

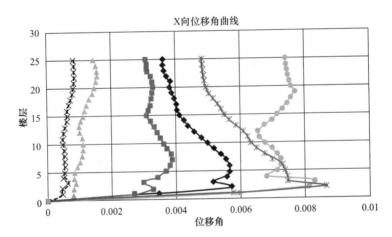

图 13-19　案例 2 优化后 X 向层间位移角（最大值：1/110）

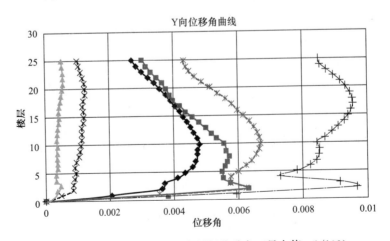

图 13-20　案例 2 优化后 Y 向层间位移角（最大值：1/109）

13.4 案例 1 罕遇地震结构抗侧力体系损伤发展

本节针对案例 1，在罕遇地震作用下进行动力弹塑性时程分析，并对主要抗侧力结构构件的损伤发展趋势进行研究，并以此对优化前后主体结构的安全性能进行评估。

依然选用 SAUSAGE 软件进行罕遇地震作用的动力弹塑性时程分析。罕遇地震作用的动力弹塑性时程分析采用双向地震输入，主次方向加速度比值为 1:0.85，大震弹塑性分析 3 组地震波 6 个工况（3 组地震波 X2 方向）。输入中考虑了 2 个方向地震动时程输入的影响。

选择的地震波波形和加速度谱同上节内容。其中，具体指代说明如下：以 TR1-X 代表天然波 TH052TG045_EL MAYOR-CUCAPAH 4-4-2010 EL CENTRO-MEADOWS. X向；以 TR1-Y 代表天然波 TH052TG045_EL MAYOR-CUCAPAH 4-4-2010 EL CEN-TRO-MEADOWS. Y 向；以 TR2-X 代表天然波 TH096TG045_LOMA PRIETA 10-18-1989 ANDERSON DAM（L ABUT）. X 向；以 TR2-Y 代表天然波 TH096TG045_LOMA PRIETA 10-18-1989 ANDERSON DAM（L ABUT）. Y 向；以 RG -X 代表人工波 RH4TG045. X 向，以 RG-Y 代表人工波 RH4TG045. Y 向。

当采用 SAUSAGE 软件进行罕遇地震作用动力弹塑性时程分析时，案例 1 在罕遇地震波作用下，优化前后结构方案的剪力墙筒体损伤发展如图 13-21～图 13-26 所示。

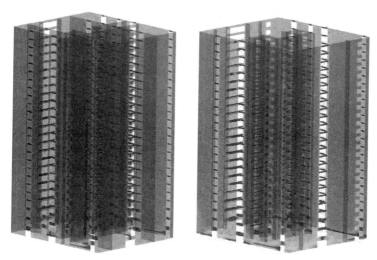

(a) 优化前结构方案的剪力墙筒体损伤发展　(b) 优化后结构方案的剪力墙筒体损伤发展

图 13-21　案例 1 在 RG-X 下损伤发展

案例 1 在罕遇地震波作用下，优化前后结构方案的剪力墙筒体性能水平如图 13-27～图 13-33 所示。

将上述分析成果进行统计分析，得到案例 1 汇总图如图 13-34～图 13-37 所示。

依据上述分析结果，案例 1 相关分析结果汇总出以下结论：

（1）剪力墙墙肢部分，结构优化前后两个方案的损伤发展趋势区别较小。其中，优化后方案结构墙肢损伤略低于优化前方案，且两个方案均在可控范围内，全楼主要墙肢依然

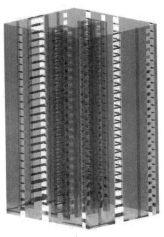

(a) 优化前结构方案的剪力墙筒体损伤发展　(b) 优化后结构方案的剪力墙筒体损伤发展

图 13-22　案例 1 在 RG-Y 下损伤发展

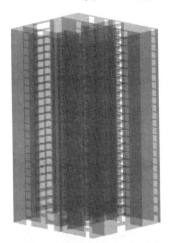

(a) 优化前结构方案的剪力墙筒体损伤发展　(b) 优化后结构方案的剪力墙筒体损伤发展

图 13-23　案例 1 在 TR1-X 下损伤发展

(a) 优化前结构方案的剪力墙筒体损伤发展　(b) 优化后结构方案的剪力墙筒体损伤发展

图 13-24　案例 1 在 TR1-Y 下损伤发展

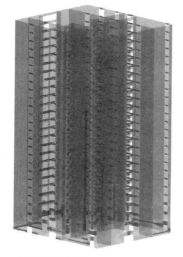 

(a) 优化前结构方案的剪力墙筒体损伤发展　　(b) 优化后结构方案的剪力墙筒体损伤发展

图 13-25　案例 1 在 TR2-X 下损伤发展

 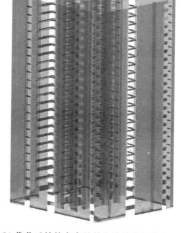

(a) 优化前结构方案的剪力墙筒体损伤发展　　(b) 优化后结构方案的剪力墙筒体损伤发展

图 13-26　案例 1 在 TR2-Y 下损伤发展

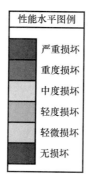

图 13-27　优化前后结构方案的剪力墙筒体性能水平图例

在轻度损坏范围以内，仅在墙根部分有局部屈服，这与传统结构设计概念基本匹配。无论是优化前方案还是优化后方案，对于罕遇地震工况而言，保证"大震不倒"的设计目标均可行，且尚具备一定的设计冗余。

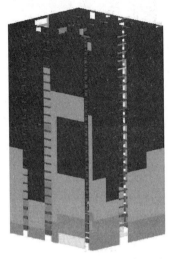 

(a) 优化前结构方案的剪力墙筒体性能水平　　(b) 优化后结构方案的剪力墙筒体性能水平

图 13-28　案例 1 在 RG-X 下性能水平

 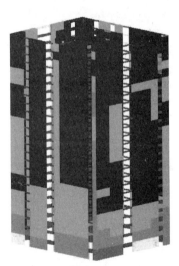

(a) 优化前结构方案的剪力墙筒体性能水平　　(b) 优化后结构方案的剪力墙筒体性能水平

图 13-29　案例 1 在 RG-Y 下性能水平

　　(2) 剪力墙连梁部分，结构优化前后两个方案的损伤发展趋势有一定区别。其中，优化后方案结构连梁损伤明显低于优化前方案，但两个方案的连梁实际上也进入严重损坏状态，这与传统的连梁耗能结构设计概念基本匹配。无论是优化前的方案还是优化后的方案，对于罕遇地震工况而言，连梁进入耗能状态，损伤程度较高，在实际状况中是被允许的，也是正常的现象。由此带来的阻尼比提升，整体结构耗能性能提升等，均对实现"大震不倒"的设计目标至关重要。

148

 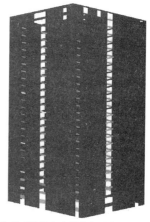

(a) 优化前结构方案的剪力墙筒体性能水平　　(b) 优化后结构方案的剪力墙筒体性能水平

图 13-30　案例 1 在 TR1-X 下性能水平

(a) 优化前结构方案的剪力墙筒体性能水平　　(b) 优化后结构方案的剪力墙筒体性能水平

图 13-31　案例 1 在 TR1-Y 下性能水平

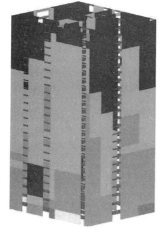 

(a) 优化前结构方案的剪力墙筒体性能水平　　(b) 优化后结构方案的剪力墙筒体性能水平

图 13-32　案例 1 在 TR2-X 下性能水平

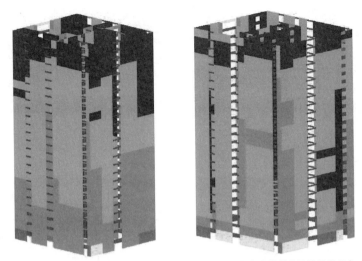

(a) 优化前结构方案的剪力墙筒体性能水平 (b) 优化后结构方案的剪力墙筒体性能水平

图 13-33 案例 1 在 TR2-Y 下性能水平

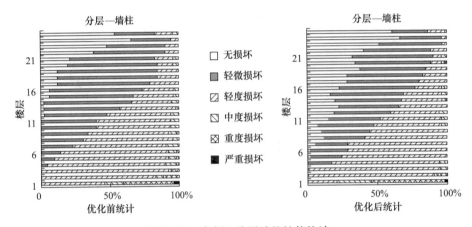

图 13-34 案例 1 分层墙柱性能统计

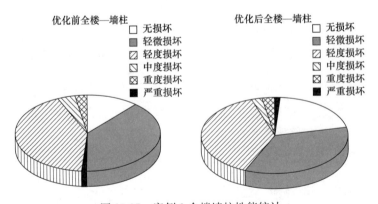

图 13-35 案例 1 全楼墙柱性能统计

（3）罕遇地震作用下，对于结构优化前和优化后两个方案，筒体剪力墙墙肢和连梁的损伤发展趋势和性能状态虽然有一定差异，但两个方案的损伤发展均在可控范围以内，且基本趋势一致，均可以有效地满足"大震不倒"的设计目标。

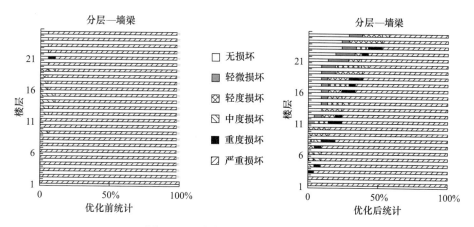

图 13-36　案例 1 分层墙梁性能统计

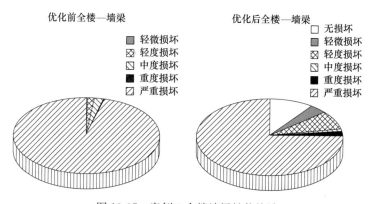

图 13-37　案例 1 全楼墙梁性能统计

13.5　案例 2 罕遇地震结构抗侧力体系损伤发展

本节针对案例 2，在罕遇地震作用下进行动力弹塑性时程分析，对主要抗侧力结构构件的损伤发展趋势进行研究，并以此对优化前后主体结构的安全性能进行评估。

应用 SAUSAGE 软件进行罕遇地震作用的动力弹塑性时程分析，案例 2 在罕遇地震波作用下，优化前后结构方案的剪力墙筒体损伤发展如图 13-38～图 13-43 所示。

案例 2 在罕遇地震波作用下，优化前后结构方案的剪力墙筒体性能水平如图 13-44～图 13-49 所示，性能水平图例见图 13-27。

将上述分析成果进行统计分析，得到案例 2 汇总图如图 13-50～图 13-53 所示。

依据上述分析结果，案例 2 相关分析结果汇总出以下结论：

（1）剪力墙墙肢部分，结构优化前后两个方案的损伤发展趋势区别较小。其中，优化后方案结构墙肢损伤略高于优化前方案，但两个方案均在可控范围内，全楼主要墙肢依然在轻度损坏范围以内，仅在墙根部分有局部屈服，这与传统结构设计概念基本匹配。无论是优化前的方案还是优化后的方案，对于罕遇地震工况，保证"大震不倒"的设计目标均可行，且尚具备一定的设计冗余。

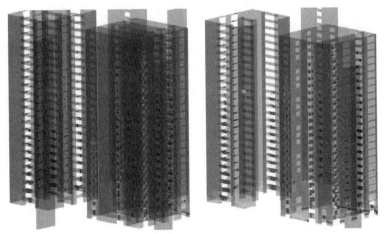

(a) 优化前结构方案的剪力墙筒体损伤发展　　(b) 优化后结构方案的剪力墙筒体损伤发展

图 13-38　案例 2 在 RG-X 下损伤发展

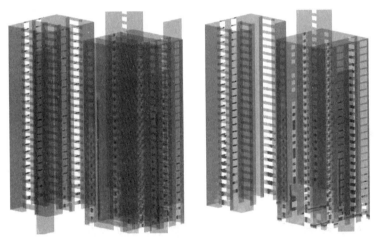

(a) 优化前结构方案的剪力墙筒体损伤发展　　(b) 优化后结构方案的剪力墙筒体损伤发展

图 13-39　案例 2 在 RG-Y 下损伤发展

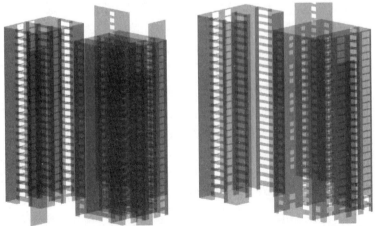

(a) 优化前结构方案的剪力墙筒体损伤发展　　(b) 优化后结构方案的剪力墙筒体损伤发展

图 13-40　案例 2 在 TR1-X 下损伤发展

(a) 优化前结构方案的剪力墙筒体损伤发展　　　(b) 优化后结构方案的剪力墙筒体损伤发展

图 13-41　案例 2 在 TR1-Y 下损伤发展

(a) 优化前结构方案的剪力墙筒体损伤发展　　　(b) 优化后结构方案的剪力墙筒体损伤发展

图 13-42　案例 2 在 TR2-X 下损伤发展

(a) 优化前结构方案的剪力墙筒体损伤发展　　　(b) 优化后结构方案的剪力墙筒体损伤发展

图 13-43　案例 2 在 TR2-Y 下损伤发展

(a) 优化前结构方案的剪力墙筒体性能水平　　　(b) 优化后结构方案的剪力墙筒体性能水平

图 13-44　案例 2 在 RG-X 下性能水平

(a) 优化前结构方案的剪力墙筒体性能水平　　(b) 优化后结构方案的剪力墙筒体性能水平

图 13-45　案例 2 在 RG-Y 下性能水平

(a) 优化前结构方案的剪力墙筒体性能水平　(b) 优化后结构方案的剪力墙筒体性能水平

图 13-46　案例 2 在 TR1-X 下性能水平

(a) 优化前结构方案的剪力墙筒体性能水平　　(b) 优化后结构方案的剪力墙筒体性能水平

图 13-47　案例 2 在 TR1-Y 下性能水平

(a) 优化前结构方案的剪力墙筒体性能水平　　(b) 优化后结构方案的剪力墙筒体性能水平

图 13-48　案例 2 在 TR2-X 下性能水平

(a) 优化前结构方案的剪力墙筒体性能水平　　(b) 优化后结构方案的剪力墙筒体性能水平

图 13-49　案例 2 在 TR2-Y 下性能水平

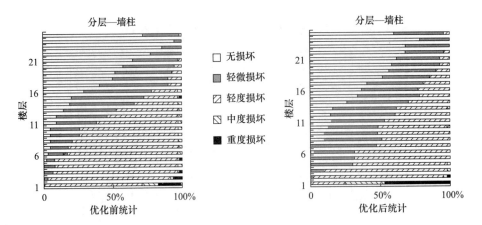

图 13-50　案例 2 分层墙柱性能统计

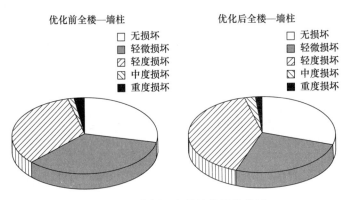

图 13-51　案例 2 全楼墙柱性能统计

（2）剪力墙连梁部分，结构优化前后两个方案的损伤发展趋势基本一致，且两个方案的连梁实际上也都是大部分进入严重损坏状态，这与传统的连梁耗能结构设计概念亦基本匹配。无论是优化前的方案还是优化后的方案，对于罕遇地震工况，连梁进入耗能状态，损伤程度较高实际上是允许的，也是必须的。由此带来的阻尼比提升，整体结构耗能性能提升等，均对于实现"大震不倒"的设计目标至关重要。

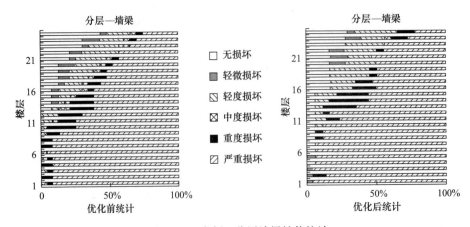

图 13-52　案例 2 分层墙梁性能统计

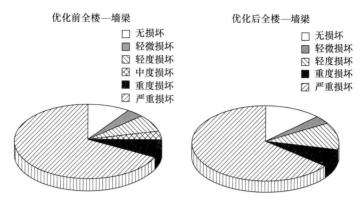

图 13-53　案例 2 全楼墙梁性能统计

（3）罕遇地震作用下，对于结构优化前和优化后两个方案，筒体剪力墙墙肢和连梁的损伤发展趋势和性能状态虽然有一定差异，但两个方案的损伤发展均在可控范围以内，且基本趋势一致，均可以有效地满足"大震不倒"的设计目标。